奏响

设计之音

20 世纪 70 年代，法国文艺理论家热拉尔·热奈特（Gérard Genette）提出了"副文本"的概念，指的是围绕在作品正文本周围的一些辅助性文本，包括封面、序跋、广告语、插图、版式、字体和腰封等。这些"副文本"有时会发挥出比"正文本"更大的影响力。如何让这些"副文本"发挥出超越其本身的作用，是众多设计师所追寻的目标。

创意并非凭空产生，而是流动在我们周围。我们需要从空气中捕捉它们。就像米开朗琪罗（Michelangelo Buonarroti）所说，雕塑是被囚禁在大理石块中的，只有伟大的雕刻家才能使它获得自由。我们要做的，就是把握住创意，包括它是如何生成的，又是如何被运用的。

设计师怎么做？他们有的用独具匠心的包装形式，将书籍掩盖在层层叠叠的函套包装里，有的将想要表达的信息隐藏在各种符号和图像背后。设计师们用各种创意手法，为书赋形，将独特的巧思与书籍设计这门艺术实践融合在一起。

后文纸材单位解释：

纸张名称后面的"gsm"是指国际纸度的重量单位，具体指克／平方米（gramme/square meter）。例如"100gsm"，就是指一张纸每平方米重 100 克。一般 gsm 数值越大，说明这种纸越厚实。

包合

从内到外，以奇思编织书页

外在的
包装形式是决定
读者对书籍第一印象的关键。
书籍包装不仅具有保护书本的功
能性作用，更具有艺术装饰功能。书
籍的包装设计，不只体现了外观形象，
更体现了书籍的个性，将其所承载的
文化淋漓尽致地展现出来。读者在无
法看到书籍内部信息的情况下，通过书
籍外部包装的图片、文字等元素，能
够直观地了解书籍的功能和特点，留
下良好的视觉印象，书籍包装从而起
到信息传达的作用。同时，读者的拆
封和翻阅，也是对书籍个性的解读。

● 设计师：庞烨、彭玲、向冰姿、梁国建　语言：中文、英文

《十二分钟》

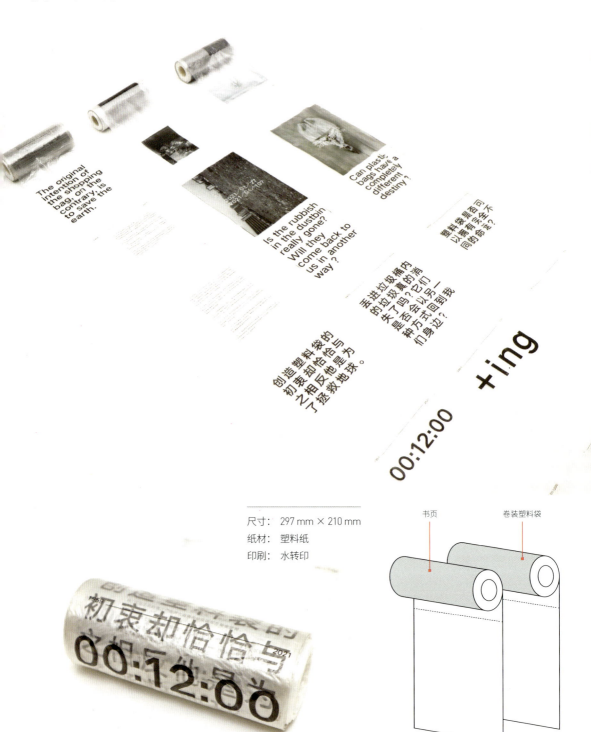

The original intention of the shopping bag, on the contrary, is to save the earth.

Is the rubbish in the dustbin really gone? Will they come back to us in another way？

Can plastic bags have a completely different destiny？

塑料袋是否可以有不一样的命运？

创造塑料袋的初衷却恰恰与之相反他是为了拯救地球。

丢进垃圾桶内的垃圾真的消失了吗？它们是否会以另一种方式回到我们身边？

00:12:00

+ing

尺寸：　297 mm × 210 mm
纸材：　塑料纸
印刷：　水转印

书页　　　　卷装塑料袋

作品围绕塑料袋污染与保护环境这一社会话题展开，以"人们使用塑料袋的平均时间为十二分钟"为出发点，聚焦于人类对塑料袋的错误使用以及随之而来的环境问题。作品以摄影集的方式呈现，分为生产使用、丢弃污染和一次利用三个部分，让读者切实感受塑料袋从生产、使用到丢弃的全过程。

○ 作品的图文编排通过水转印技术实现，阅读方式采用墙面悬挂、下拉展开。设计师选取了日常生活中最为常见的保鲜袋作为设计的新载体，保鲜袋的连贯性与下拉性更适合阅读。在下拉的过程中，读者会对下一页未知的内容产生期待。在确定以塑料作为设计的载体后，设计师面临的最大问题是选择适当的印刷方式。在实验过程中，设计师尝试过不干胶、喷漆和丝网印刷，但由于展示效果不佳和资金不足等问题，最终都放弃了。最后，儿时购买泡泡糖中附赠的纹身贴给了设计师灵感。

○ 对设计师而言，每设计一件新的作品都是一个新的难题，特别是一些自己没有接触过的领域，但通过不断尝试，在这一过程中找到那个适合当下的"答案"时，那种成就感便是推动设计师继续设计的动力。

《文本》

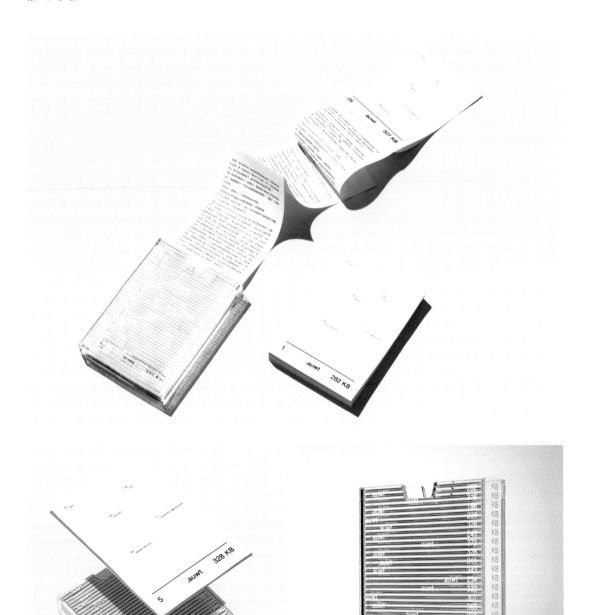

《文本》是一本描绘不远未来的科幻小说，表达了"电子数据的具象化"。整体看上去像一个未来的电子阅读器，屏幕因为损坏而布满条纹，也因此，数据分布错乱，墨水因折射而扭曲、重叠。阅读方式就像在手机上一样，向上拉，再向上拉。

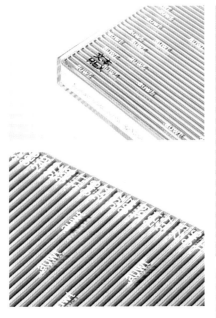

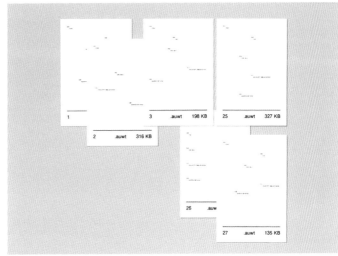

尺寸： 190 mm × 130 mm
纸材： 胶版纸
字体： 宋体，楷体，Minion Pro（衬线体）
装订： 风琴式折叠和函套
页数： 145页

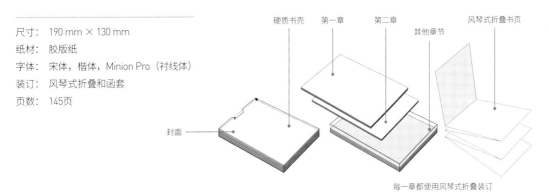

每一章都使用风琴式折叠装订

● 设计师：Aniko Mezo　　语言：英文

《钟形玻璃罩：字体及书设计》（*The Bell Jar: Type & Book Design*）

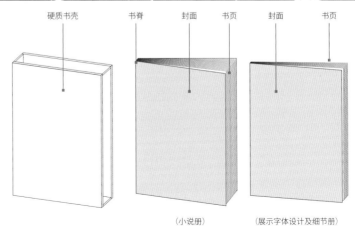

尺寸：　220 mm × 168 mm
字体：　Esther（衬线体）
装订：　平装
页数：　368页

硬质书壳　　　书脊　　封面　　书页　　　封面　　　书页

（小说册）　　　（展示字体设计及细节册）

该设计项目包含两本书，其中一本名为《钟形玻璃罩》（*The Bell Jar*）的小说，其作者是美国的作家兼诗人Sylvia Plath，书中讲述了主人公患上精神疾病的故事。由于故事情节与作者经历相似，这本书也经常被认为是一本"自传体小说"。

○ 设计师以一款名为"Lora"的字体为基础，再设计了一款液态感的字体，这款字体诞生于数次的变形实验。变形字体的液态感设计细节目的是呼应书中角色备受精神疾病折磨的感受。因此，设计师最终决定呈现一款难以辨识的图形化文字，用以象征贯穿全书的情节。

○ 本项目除了小说封面设计，还有另一本书展示了字体的细节和设计的过程。这两本书放置在透明的有机玻璃盒子内，这一独特的装帧方式也隐喻了主人公的视角。封面的扭曲字体透过玻璃犹如镜面所反射，以实体形式呼应了《钟形玻璃罩》的书名和人物心理扭曲的主题。

● 设计师：叶忠宜　语言：中文　客户：莎妹工作室

《王记便当：料理莎士比亚》

尺寸：　170 mm × 120 mm
装订：　台式便当盒包装
页数：　408页

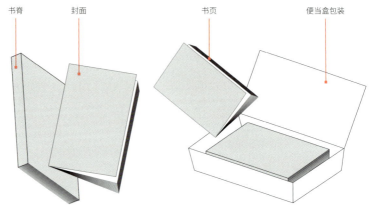

书脊　　　封面　　　　　　　书页　　　　　　　便当盒包装

受"煮菜"与"做戏"之间的联系启发，设计师以"台式便当"的形式呈现新书。全书分为三辑。辑一，剧场大厨王嘉明亲自剖析料理莎剧的秘诀，并邀请美食评论家一同探讨大厨的日常与料理的关系。辑二辑三收录两本以莎剧为灵感的食谱书（剧本），介绍了从食材备料、刀工做法、烹调技巧到摆盘上菜的全过程，让读者走进王嘉明的厨房（剧场），一窥料理（创作）的过程。随书附赠导演剧本结构表。

○ 本书为莎妹剧团导演王嘉明改编的莎士比亚《泰特斯》与《理查三世》的剧本集。该剧本在莎妹剧团公演时出售。由于正式表演场地禁止观众携带饮品和食物，设计师与不按常理出牌的莎妹剧团共同构想了一个桥段：观众拿着便当型剧本进场观看，被工作人员拦下检查时，他们可以很骄傲地打开便当，让工作人员"吃闭门羹"，这个设计让观众在入场前就已参与其中。

● 设计师：Hannah Gebauer（汉娜·格鲍尔），Philipp Stöcklein（菲利普·施特克林）
语言：德文　客户：纽伦堡造型艺术学院

《2022/2023 届毕业目录》（Absolvent: innen 2022/2023）

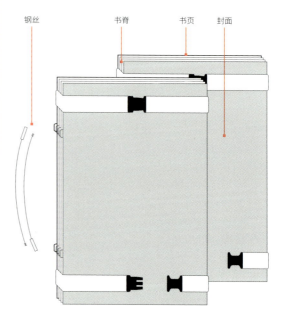

钢丝　　　书脊　　　书页　　　封面

尺寸：　235 mm × 157 mm

纸材：　封面｜胶印优质纸 250 gsm
　　　　内页｜Salzer Touch 120 gsm

字体：　Suisse Int'l & Suisse Int'l，Mono（Swiss
　　　　Typefaces 设计），Keroine（Charlotte
　　　　Rohde 设计）

装订：　定制捆绑带，绑带和钢丝绳

《2022/2023 届毕业目录》是在一次联展上制作的，收录了纽伦堡造型艺术学院毕业生的作品。每位毕业生都有自己的小册子，内容包括作品、奖项、展览和个人信息。这些小册子被绑带和钢丝绳捆绑在一起，这些元素共同构成了这本画册。

○ 设计师之所以选择这种比较"迷失"的图书结构，主要是考虑到其内容的性质：收录的艺术家各具特色，个性鲜明。设计师希望（也需要）为学院制作一本独特的册子，也希望每个人都能感受到自己是独立的。这本小册子既可以拿出来欣赏，也可以作为作品集寄给客户，或者作为艺术家展览的单行本。

● 设计师：陈晓　语言：中文

《山寨玩具 vol.1——山寨重塑》

尺寸：　225 mm × 125 mm
纸材：　Enso Classic（斯道拉恩索经典纸）
　　　　70 gsm，灰卡
字体：　封面｜设计师自创字体
　　　　内文｜Noto Sans，CJK TC（思源黑体）
印刷：　孔版印刷，Riso 印刷
页数：　64页

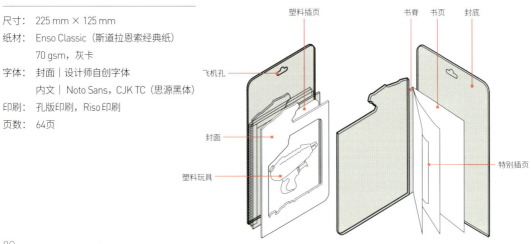

塑料插页

书脊　书页　封底

飞机孔

封面

塑料玩具

特别插页

香港的山寨玩具正在渐渐消失，并被新一代忽略。《山寨玩具》系列通过记录香港山寨玩具的历史，重新向读者介绍香港山寨玩具。其中，《山寨重塑》是整个系列的开篇之作，旨在让读者对香港的山寨玩具有基本的了解，从而加深他们对香港本地文化的认识。

○ 用吸塑的形式，把塑料玩具枪固定在封面上，既可以引起集体回忆，又可提升读者的兴趣。该书运用孔版印刷技术，强烈的颜色对比呼应着塑料山寨玩具的配色。但不得不提的是，人们通常视孔版印刷的脱色和对位不准为它的劣势，而这本书却利用了这些特点，翻阅时的脱色意味着山寨玩具的消失，而对位不够准确则衬托出山寨玩具制作的粗糙感。

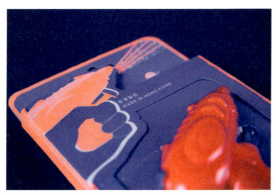

《深渊凝视》

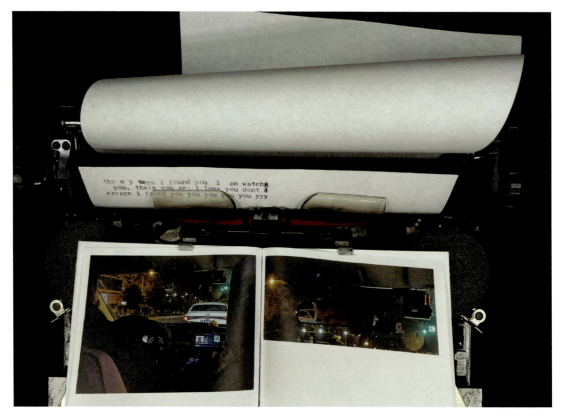

这个项目是基于"社交媒体上可能加剧对女性的凝视"这一技术伦理议题进行的视觉化表达。项目由一本大册、一本小册、一张圆形的桃红色PVC（聚氯乙烯）薄片，以及将它们整合起来的长封条组成。

○ 大册的内容是针对"深渊凝视"这一关键词进行的抽象平面视觉实验，形成喧嚣凌乱的图案效果，具有对环境的一定隐喻作用。大册弯曲并紧紧包裹着的小册是一本锁线装订的小开本图片集合，汇聚了设计师从许多女性手中收集来的"让她们感到被窥视"的图片，简单而不具技术含量的图片却有很多可供想象和令人后怕的故事，桃红色的"窥视薄片"则让这些恐怖的画面在颜色的遮蔽下变得隐秘。这些故事是令人恐惧的事实，却时常隐藏在光明背后。通过这一系列的组合，设计师试图传达充满暗喻的概念。封条的存在为读者提供了阅读时的选择：可以选择撕除封条，让这组印刷品在被阅读之后无法回归原来的样式；也可以选择从封条中抽出内容物，阅读后再装回原处，假装一切未曾发生。

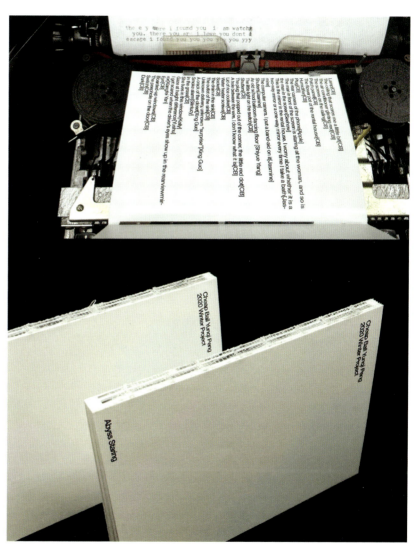

尺寸： 大册｜297 mm × 210 mm

　　　　小册｜148 mm × 105 mm

　　　　组合｜297 mm × 100 mm × 30 mm

纸材： 超感涂布纸120／150 gsm，120 gsm红色PVC薄片

装订： 骑马订，锁线裸脊组合装订

页数： 大册12页，小册104页

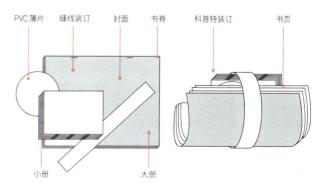

PVC薄片　缝线装订　封面　书脊　科普特装订　书页

小册　　　大册

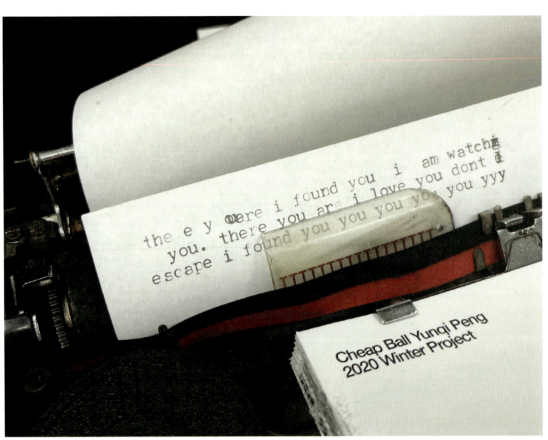

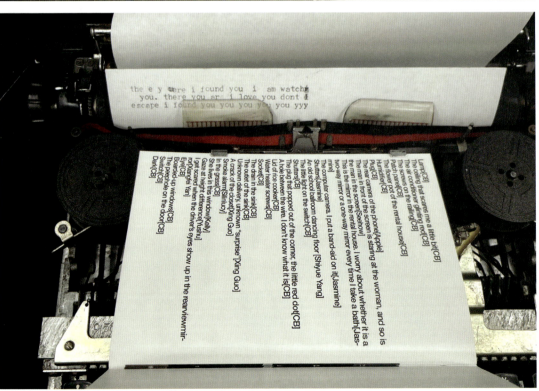

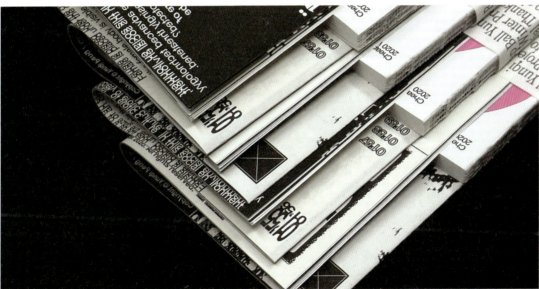

● 设计师：程鑫、王心悦　语言：中文、英文

《因地置衣——深圳城中村晾晒视觉档案》

创作团队作为观察者，致力于呈现、引导、聚焦物件与人的关系，连接城与村。此项目聚焦于深圳本地城中村的衣物晾晒现象和城中村居民的慢节奏创造力，以记录研究为主导，以信息视觉化档案的方式呈现，引发观者主动思考深圳城中村的晾晒现象，传递城中村居民因地制宜创造的珍贵品质，尝试发掘城中村晾晒改良设计的可能性。

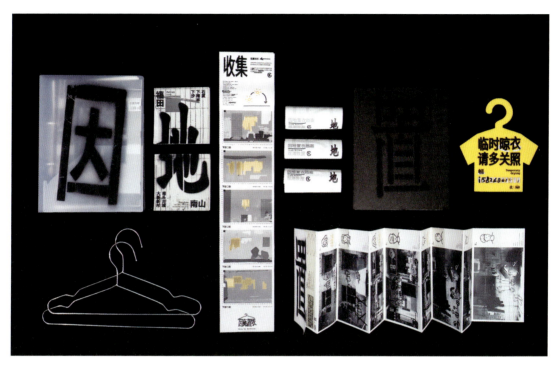

○ 作品尝试了多种装订形式后，创作团队决定使用具有档案记录感的线圈装订，并与衣架的结构结合。这种特殊的装订形式在呼应主题的同时，呈现记录与信息收集的视觉代入感，同时与"晾晒"这一关键词挂钩。内容分别展示项目原点、主旨、发展过程和实验性概念，以文字记录和信息传递为主。首页和内页的大字信息采用喷漆效果的字体，贴合项目背景的地缘视觉文化，同时使得主要内核关键词清晰可见。在封面设计上，作品以"因"字作为主视觉，清晰明朗，简单易懂。内页的排版设计，使用结构重构的方式，设计了大标题和正文的特定位置，使其拆分成单独开页后能够组成连续的文字信息。这样，作品的拆分页拼接后也能发挥海报的功能，清晰地传递项目主旨。

尺寸：　257 mm × 182 mm
纸材：　白卡纸 150 gsm
印刷：　数码印刷
装订：　多种折叠方式（手工）

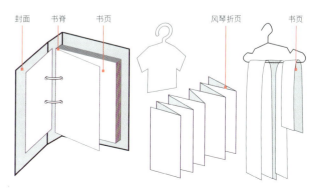

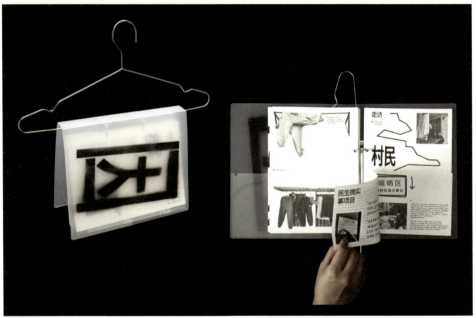

○ 好奇心驱使着人们主动去探索、发现和了解新事物，也推动设计师深入研究用户的需求和行为，以便更好地理解他们的期望和挑战。通过与用户交流、观察和参与项目，能够发现隐藏的洞察力，为设计提供更深层次的灵感和创意。设计师应当通过保持好奇心，不断探索和挖掘设计中的无限可能，为用户创造出更具价值和意义的设计作品。

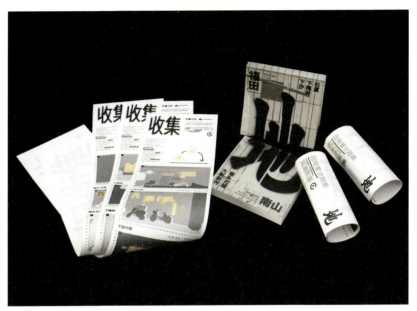

○ 翻页动画是对研究路线和数据的动态呈现，翻动书页可以直观地感受城中村地点的变化与不同的晾晒方式。数据报告单延续模拟布料、衣物晾晒的状态，设计团队选择使用长条形、低克重的纸张来呈现。

○ 共创卡片采用风琴折的简易形式呈现，便于集成阅读大量交互结果，以及比较衣物晾晒的不同方法。

《ALU 公司之书》（*ALU_Company Book*）

尺寸：　200 mm × 200 mm
纸材：　黑卡纸，白色特种纸
印刷：　凹版印刷
装订：　波多尼装订

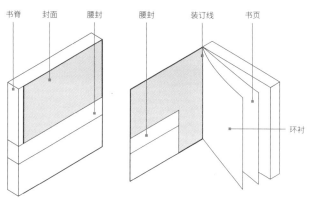

这本书是为一家国际零售公司（ALU）设计的项目。项目客户的要求是更新公司形象，为其在2011年欧洲购物展推出的新产品造势。因为该公司的产品大部分使用铝之类的基本材料，设计师便决定以这些材料作为设计元素。

○ 设计师从这些基本材料中汲取灵感，设计出 ALU 的标识。在此基础上，设计师选择通过一系列关键词来诠释品牌价值。书中所有的图画以及照片全部由剪纸拼凑而成：先剪出小的部件，然后将其拼凑成整图。这本书选择了佛捷歌尼纸业公司（Fedrigoni）生产的白色特种纸进行印刷，封面选择黑色纸板压纹，使用的装订工艺为波多尼装订。

《你好，哥本哈根》（*Hello Copenhagen*）

纸材：　封面｜Keaykolour Color Sytle 300 gsm
　　　　（外国特种纸）
　　　　插图页｜SH Recycling 100 gsm（外
　　　　国特种纸）
　　　　笔记页｜纯蒙肯纸 80 gsm
　　　　（以上纸张均得到FSC森林环保认证）
印刷：　胶版印刷
字体：　Westeinde by Adàm, Katyi
装订：　瑞士装订
页数：　164页

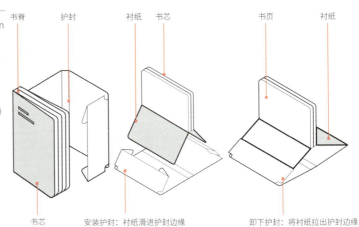

书脊　　护封　　　　衬纸　书芯　　　　书页　　　衬纸

书芯　　　安装护封：衬纸滑进护封边缘　　　卸下护封：将衬纸拉出护封边缘

在设计这本书的过程中，设计团队的目标是确保其具有实用性、极佳的视觉效果、现代感以及高品质。同时，团队还注重在设计中融入自然元素，使其呈现出亲切、自然的特点。此外，设计团队特别注重草图、图纸和创意的布局，以确保它们在精巧的网格中得到最佳呈现，从而为读者提供更好的阅读体验。

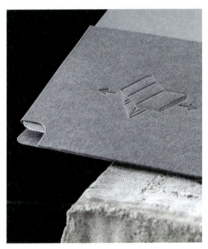

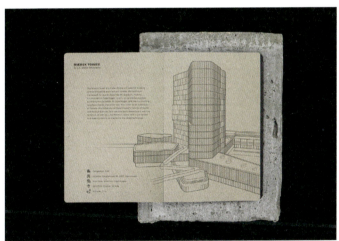

○ 这款笔记本的设计灵感源于迪特·拉姆斯（Dieter Rams）的十项优秀设计原则，旨在创造出一个实用、美观、适合现代生活的产品。它大小适中，便于携带，无论是手拿还是包内携带都十分方便。笔记本的中缝设计独特，展示了城市的建筑杰作，给使用者带来视觉上的享受。这款笔记本采用了现代的材料和技术，外观时尚美观，符合现代人的审美需求。此外，它还采用来自瑞典的纯蒙肯纸，触感细腻，让使用者感到舒适和愉悦。笔记本的结构设计灵活多变，使用者可根据自己的需求改变笔记本的颜色，实现个性化定制。

● 设计师：Arithmetic Studio（演算工作室）　语言：英文　客户：Westbank（西岸集团）

《圣何塞系列》（*San Jose Collections*）

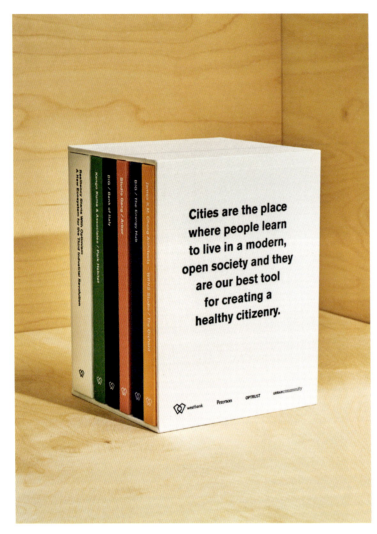

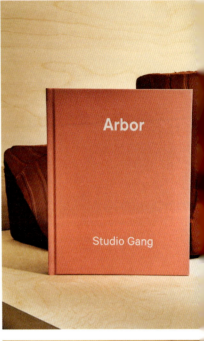

纸材：　所用纸张均得到FSC森林环保认证

印刷：　数码印刷

装订：　亚麻布装订定制盒装

页数：　《休憩公园》（*Park Habitat*）｜183页

　　　　《意大利银行》（*Bank of Italy*）｜179页

　　　　《雅宝建筑》（*Arbor*）｜153页

　　　　《能源枢纽》（*The Energy Hub*）｜197页

　　　　《果园》（*The Orchard*）｜183页

　　　　《弹性始于乐观：第三次工业革命的新生态系统》

　　　　（*Resiliency Starts with Optimism: A New Ecosystem*

　　　　for the Third Industrial Revolution）｜224页

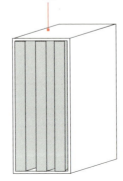

书盒

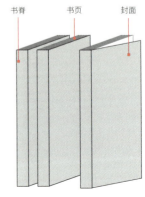

书脊　　书页　　封面

这套限量版丛书中的每本都代表了一位国际知名建筑师对圣何塞可持续发展复兴计划的视角。特别印制的亚麻布封面和每本书独特的版式设计，表达了创新的建筑风格，也体现了对自然创造与和谐的尊重。通过大胆的色彩处理、精选的材料、独特的结构元素和深思熟虑的排版布局，这些书籍体现了每个项目的独特理念。每本书的结构得到创造性利用，使得读者沉浸于项目精髓的同时又保持各卷的连续性。

○《雅宝建筑》与众不同，其木质屏风外墙为建筑内部创造了理想的自然采光条件。模块化的斜面屏风是建筑的一大特色，与项目徽标相呼应，并在书页末端进行了盲文压印。

○ 大胆的蓝色在整本《能源枢纽》中占据显著位置，是电力的活力象征。圆润的字体设计反映了建筑的独特弧度。章节间隙由柔和的渐变蓝色光源界定。渐变光源在每个分章处旋转，比喻太阳围绕建筑旋转。

○《果园》的设计灵感来源于项目名称中的柑橘园，因此金橙色在本书设计中非常突出。全书的偏置布局反映了交错梯田的格状外墙，与果园的建筑风格相呼应。全书邀请读者重新想象未来，让自然回归城市。

○《休憩公园》的核心是"绿肺"。一个从底层一直延伸到建筑顶部的开放空间，让光线和空气渗透到整个建筑结构中。书内的抽拉式特写反映了这一功能，展示了建筑特色，并成为"绿肺"的隐喻。

○《意大利银行》的书籍设计探索了"书籍作为物品"的概念。墨黑色亚麻布封面渗入黑色边缘绘画，向当时独特的印刷色彩致敬。书页消失在概念中，反过来，书也成为一种形式。

● 设计师：刘欣怡　语言：中文

《姐妹》（*Sister & Sister*）

纸材：　彩色纸张
字体：　手写字体
装订：　文件夹
页数：　32页

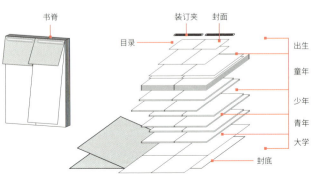

《姐妹》开启了一段深刻的旅程，深入探讨了同卵双胞胎姐妹错综复杂的身份、个性和非凡的亲情。该项目是由"大大"和"小小"的个人日记以及珍贵的家庭照片编织而成的精美挂毯，生动呈现了她们从童年到成年的人生历程。本书的结构将这些瞬间编织在一起，展示了姐妹情谊的错综复杂，以及她们在共同经历中的个性之美。

○ 设计巧妙的视觉叙事让读者眼前一亮。醒目的粉色部分代表姐姐，充满活力的绿色部分代表妹妹。这两条平行的线索邀请读者探索她们交织在一起的生活，唤起读者对共同时刻和经历的感同身受。每一页都是通往特定时间节点的入口，将双胞胎的生活展现得淋漓尽致。

○ 书中的叙述巧妙地捕捉到了双胞胎的双重性：她们的独特性和共性，以及她们既共生又独立的能力。这是对她们关系多面性的探索，在这种关系中，相同与独特和谐共舞，为读者提供了一个引人入胜的视角，让读者了解这对非凡姐妹的迷人世界。通过这本书，我们见证了将人们联系在一起的纽带，以及将人们区分开来的复杂关系。

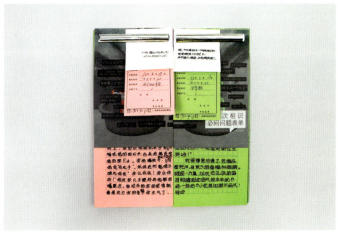

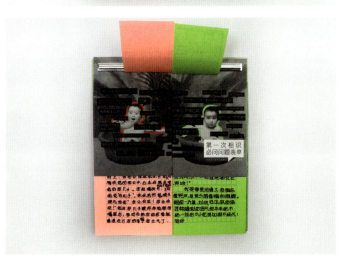

● 设计师：Vanissa Foo（符薇淇）　语言：英文

《中山同乡会》（*Zhong Shan on Paper*）

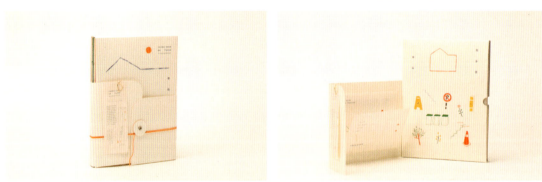

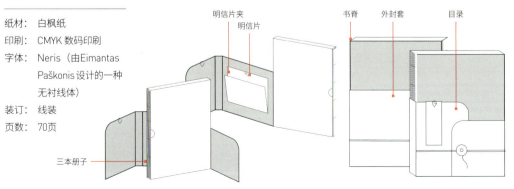

纸材：　白枫纸
印刷：　CMYK 数码印刷
字体：　Neris（由Eimantas
　　　　Paškonis设计的一种
　　　　无衬线体）
装订：　线装
页数：　70页

三本册子

明信片夹
明信片

书脊　　外封套　　目录

本书作者以异常敏锐的观察力，描述了她在中山楼的亲身经历。她的绘画素描，记录下了不寻常的惊奇体验。这些经历被转化为创意、灵感和疯狂的想法。这套书包含三本书，分别以 Kokfar Tea 茶铺、Tommy Le Baker 糕点店、Piu Piu Piu 咖啡店为主题，还附有地图和明信片。

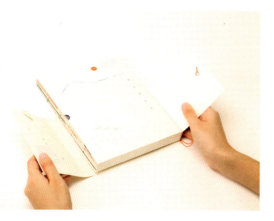

○ 这套书外部结构的灵感来源于以洁白美学著称的中山古建筑。中山古建筑内部由咖啡馆、面包店等独立小店组成。整本书的某些页面还附有印刷品或宣传单，可以让读者在翻阅时获得惊喜。在阅读过程中，读者仿佛身临其境，感受到与作者进入中山古建筑时同样的惊奇体验。

● 设计师：Wuthipol Ujathammarat　语言：中文、英文　客户：个人项目

《遮·盖》（*COVER UP*）

尺寸：	100 mm × 100 mm
纸材：	白卡纸 150 gsm
印刷：	数码印刷
装订：	多种折叠方式（手工）

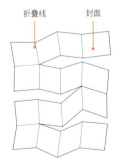

折叠线　　封面

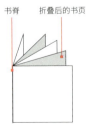

书脊　　折叠后的书页

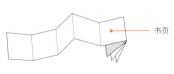

书页

泰国摄影师 Wuthipol Ujathammarat 注意到，台北许多建筑外墙贴着不起眼的马赛克瓷砖，既奇怪又过时。过度使用马赛克瓷砖的主要原因并不是为了装饰，而是为了防潮。台北气候潮湿，湿度较高，这些外墙瓷砖有助于密封整个建筑物，防止湿气进入。可是，马赛克瓷砖有从外墙掉落的风险，会威胁到行人的生命安全。虽然现在已经在建筑物上加装了网笼，但这只是权宜之计，安全隐患始终存在。

○ 手工摄影小册子《遮·盖》旨在通过坚持不懈地呈现马赛克瓷砖的制作过程，唤醒大家对其被遗忘的魅力和潜在危险的记忆，美化这座混乱的大都市。这本小册子是对隐藏在建筑外部结构魅力中的潜在危险的视觉反思作品。在很多人眼中，这些马赛克瓷砖可能很美，但却会随着时间的流逝不断剥离和脱落，这样的现状也引发了人们的思考：如何才能既保护这些迷人的外墙瓷砖，又保障行人的安全？

《缪斯之内》（*Inside Muses*）

尺寸：　212 mm × 154 mm × 34 mm
字体：　Gotham，Plantin MT Std（几何无衬线体）
装订：　车线装订
页数：　170页

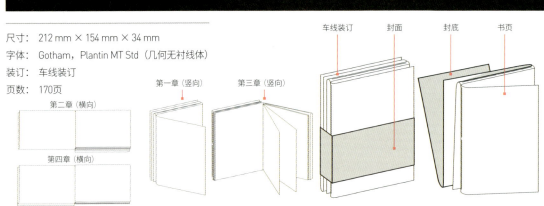

作为海边的缪斯女神，位于香港尖沙咀海滨的 K11 MUSEA 不仅仅是一家零售商场，它更是一个旅游胜地，可以从尖沙咀东区的制高点俯瞰香港的辽阔天际线。当代艺术和设计贯穿于整个零售和餐饮环境中，创造出一个充满活力的空间，为每位游客带来一场感官探险。《缪斯之内》是 K11 MUSEA 独特零售概念的前奏，是一本介绍 K11 MUSEA 四大缪斯主要作品的读物，主题分别是建筑、家具、自然和艺术。

○ 为了体现探索精神，《缪斯之内》采用了非传统的书籍形式，每章每节都有新的视角。参照 K11 MUSEA 母品牌 K11 的标志，《缪斯之内》的封面设计采用了闪耀的金色图案，几何圆圈的形状代表了四位灵感缪斯。该书的普通版和特装版均采用精湛的工艺，展现了 K11 MUSEA 的卓越品质。普通版采用车线装订，特装版则装在高级水晶亚克力盒中，让人联想到陈列艺术品的玻璃橱窗。独特的阅读体验蕴含着惊喜元素，点燃读者的好奇心，鼓励他们进行探险和发现之旅。

● 设计师：Toby Ng Design　语言：中文、英文　客户：社会创新及创业发展基金

《社会创新及创业发展基金》（*SIE Fund Portfolio*）

尺寸：　260 mm × 200 mm × 45 mm
纸材：　Antalis Fabric Smooth, Polytrae
　　　　Oxford（均为外国特种纸）
字体：　Plantin Std（有衬线体）
　　　　Sweet Sans Pro（无衬线体）
装订：　环装
页数：　65 页

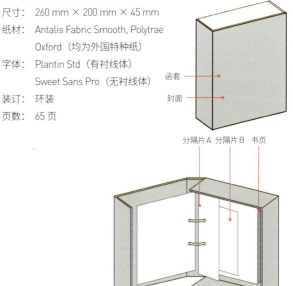

社会创新及创业发展基金（SIE Fund）致力于培育和支持社会创新，以解决香港的贫困和社会排斥问题。为建立一个对社会有益的生态系统，社会创新及创业发展基金为社会各企业提供了广泛的研究和能力建设资源支撑，用以支持创新项目的整个生命周期。

○ 为了更好地展示该基金的工作和影响，设计师在 Social-Inno Box（内有讲述基金工作故事的视频）的基础上设计了一个作品集盒，以描述迄今为止已获基金支持的领域和项目。三个粗体箭头分别代表研究、能力建设和创新计划这三个优先领域，是项目组合的总纲。在每个领域中，用不同颜色编码的部分代表已得到基金援助的不同部门。这本书采用盒装活页夹的形式，可以根据用户的需要灵活地更改和整理各部分内容，同时也能适应 SIE 基金不断增长的项目清单。

《Humana剧场》

这个设计项目以新颖、富有想象力的方式，展示出对表演和艺术的赞美。设计的特点是用色鲜艳大胆，配以几何图案，营造出一个精致的剧场。设计师希望为读者提供一次令人难忘的体验。

纸材： 蒙肯纸，莫霍克Navajo，
　　　 艾美丝纸
印刷： CMYK 数码印刷
字体： Coquette（无衬线体），
　　　 All Round Gothic（经典
　　　 的几何无衬线体）
装订： 订线装
页数： 可变

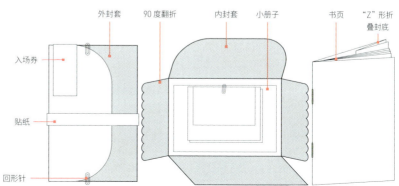

○ 以迷你舞台的概念呈现剧场节目指南的外包装，营造置身于剧场的互动体验，并以五彩缤纷的配色，结合丰富的几何图形变化，引领读者进入充满想象力的新世界。外包装包括一张入场券，凭券可进入剧场观看演出。剧刊是剧场所有剧目的指南，收藏了 16 场演出的概述，包括剧目、编舞和表演者。此外，还附赠两张印刷品作为纪念品。每场演出在小册子中都拥有专属舞台，页面上充满了几何图形和大胆的色彩组合，营造出一种现代和奇异的美感。

穿藏

寻觅页面之间隐匿的心思

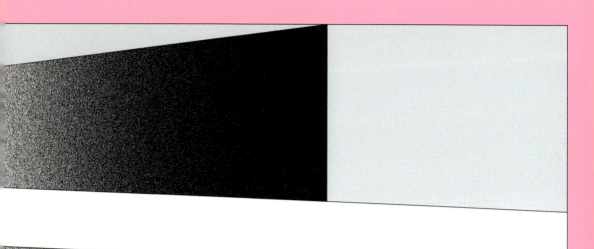

重塑阅读体验，引导读者主动出击。我们习惯了阅读显性文字，一些设计师却另辟蹊径，将信息藏匿于字里行间，等待读者主动发现。将信息隐藏起来的方式，可以激发读者与书籍，或者读者与作者之间的情感交流和互动，激发读者的好奇心和想象力，提高阅读的乐趣和参与度。改变阅读方式，让读者变被动输入为主动输出，更加主动地参与其中，有助于读者更好地理解和吸收内容。作者的情感和经历被封存在文字和图像之中，它们如同山谷中的回声，穿越时空的障碍，被读者在静谧的阅读时光中听到、理解和感受到。

● 设计师：亿电设 [e]DeSIGN　语言：中文　客户：重庆大学出版社

《生命的博物馆》

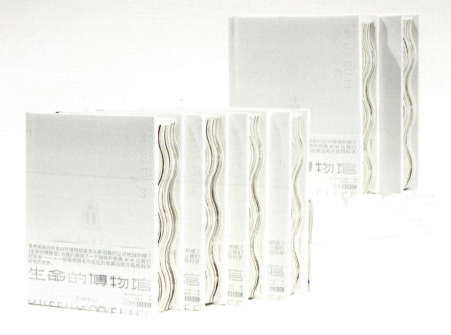

尺寸：　157 mm × 135 mm
纸材：　雪莎樱花
印刷：　烫印，模切，四色
字体：　自设计，思源黑体
装订：　精装
页数：　384 页

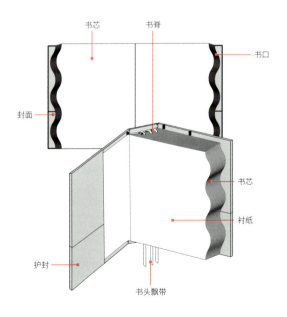

设计团队希望设计既能让人有置身于博物馆的感觉，同时又可以比较巧妙地展现生命的灵性。最终，设计团队决定将这本书的切口设计为波浪形，这样在翻阅的时候就能展现出生命的流动感。红、白、蓝三色的书头飘带象征着动脉与静脉（灵感来自理发店的色彩标识），排版使用了导视系统和文件归纳的方法，使读者仿佛在生命的博物馆内穿行。

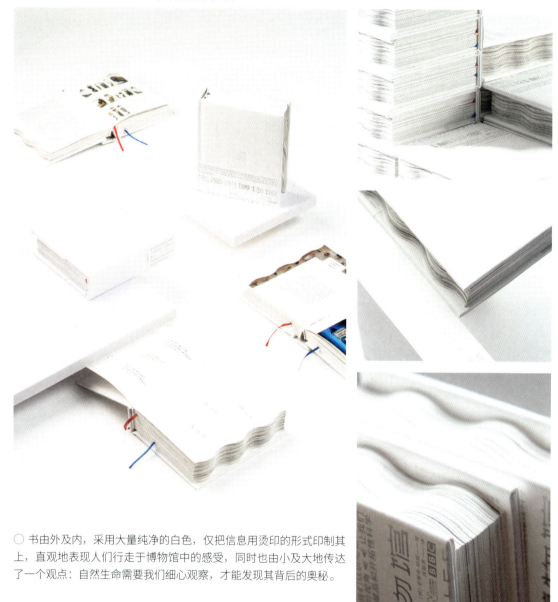

○ 书由外及内，采用大量纯净的白色，仅把信息用烫印的形式印制其上，直观地表现人们行走于博物馆中的感受，同时也由小及大地传达了一个观点：自然生命需要我们细心观察，才能发现其背后的奥秘。

● 设计师：姜尚　语言：中文、英文　客户：苏州博物馆

《画屏》

这是一本关于中国屏风的展览画册。它由古代和当代两部分组成。古代部分是文论与展品，当代部分是九位当代艺术家创作的与屏风相关的艺术作品。

纸材： 丝绸，艺术纸
字体： 宋体，Times New Ro-
        man（经典衬线体）
装订： 线装
页数： 694 页

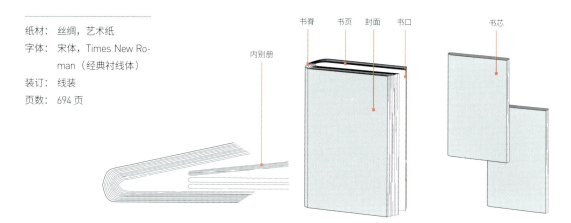

内别册　书脊　书页　封面　书口　书芯

○ 书籍开本选择了与屏风相似的长宽比例，并采用"书中书"的概念体现古代与当代两个部分的展览主题。封面使用了与屏风质地相关的绸布材质。书籍的主体与别册分别对应古代与当代两个部分的展览内容。"书中书"的概念既契合了当代与古代融合对话的展览意图，又表达了屏风"内与外"的象征意义。

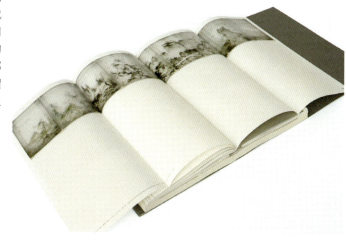

● 设计师：谢志鹏、刘江萍、陈晓曼　语言：中文

《植物房客》

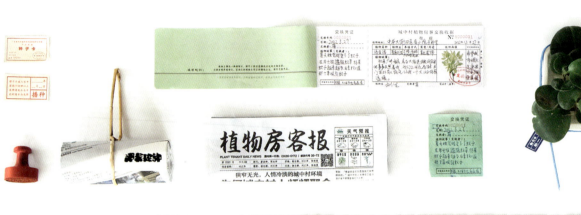

尺寸：	160 mm × 800 mm
纸材：	蒙肯纸
印刷：	彩色印刷
字体：	华文仿宋
装订：	龙鳞装
页数：	78 页

封面

书页

龙鳞装

该项目以城中村植物为媒介，通过轻松有趣的形式，激活人与人之间的交流。设计团队向 36 位村民"讨要"了 36 株植物，收集每株植物背后的故事；并回收村里的瓶瓶罐罐，设计后作为种植容器，以门牌号为编码，形成 36 个全新的城中村植物盆栽。设计团队专门制作了交换装置，吸引村民用他们的城中村植物故事来交换盆栽，以此得到 72 个故事，借龙鳞装这一装帧形式，设计出这本 72 位房客的植物故事会。

○ 设计团队在书中使用了比喻、隐喻等设计手法。亲密社群的团结性依赖于各分子相互拖欠未了的人情，因此团队设计收据本，还原出人情"欠"与"还"的概念；再以人情礼本和功德榜的编排方式，将其设计成龙鳞装，用传统的仪式感鼓励城中村居民分享关于植物的故事，并记载下来；将两者卷成筒状，以编有项目理念和流程的《植物房客》报纸作为包装，系上绳子便于提拎，形成一套属于城中村居民的人情读物。

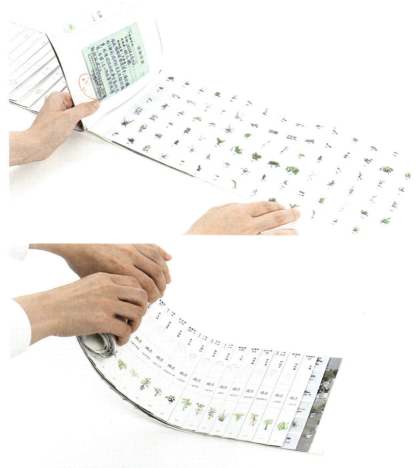

○ 居民将植物传递给陌生人这种朴实而又美好的小举动，在我们看来是一件莫大的功德。因此，团队将外在装帧的整体样式设计为功德榜的形式，以此传递出对居民赠送植物、交换故事的美好感受和肯定态度。同时，龙鳞装的内页结构，使内页部分空间充当目录检索的功能，方便读者快速查阅不同的人物信息。内页对折，对折线左侧填写植物赠送者的信息，右侧填写植物获得者的信息，使一对陌生居民的互动在一张纸的平面内得到有效呈现，方便读者理解人物的对应关系，并获得更多层次的阅读空间体验。

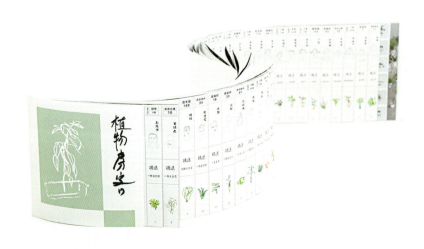

● 设计师：out.o studio（位于北京的一家设计工作室）　语言：中文、英文

《参考 vol.02　无可辨识　无可掌握　无可占有》

尺寸：　280 mm × 160 mm

纸材：　樱雪半透 135 gsm，星域系浅灰
　　　　matter 135 gsm，书纸 80 gsm，
　　　　美肌鲜红 130 gsm

字体：　思源宋体 JP，ABC Laica（由设
　　　　计师 Alessio D'Ellena 手绘而成）

装订：　缝纫订，双册对开

页数：　124 页

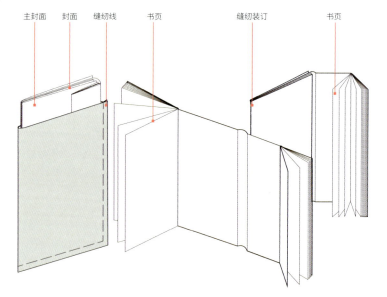

主封面　封面　缝纫线　　书页　　　　缝纫装订　　　书页

这件作品是一本探讨型的平面设计刊物，类似于纸面播客，参与者和讨论者互为参考。每期刊物提出一个探讨的话题，由不同设计师针对话题阐述的观点进行创作。第二期是一本关于"爱"的短句集，以他人对爱的理解为参考，讨论爱、描绘爱、陷入爱。

○ 期刊的装帧形式采用信封函套，这有别于直接翻开的书籍形式，更富有与主题契合的私密性。书籍封套的烫透纸以及封底的透明 UV（一种印刷工艺）设计，都试图将文字藏匿于纸张当中，不可直接辨识，以创造亲近阅读的体验。图形探讨与文字探讨分为左右两栏，读者可根据习惯优先集中阅读图或文，从而沉浸在当前信息中。文字均保留了讨论者的口语习惯以及软件自行生成的时间记录，以传递讨论的真实感，增强读者切身的参与感。

● 设计师：Elizabeth Novianti Susanto　语言：英文

《授课讲义02》（*Lecture Notes 02*）

纸材： 封面｜ Botany Natural 230 gsm
（无光泽的卡夫特纸，由回收废纸制成）
内文 wRives Design 120 gsm
（无光泽的卡夫特纸，纹理细腻）
字体： Knockout Fonts，Hoefler Text Fonts
（版权均属 Hoefler&Co. 公司）
页数： 12 页

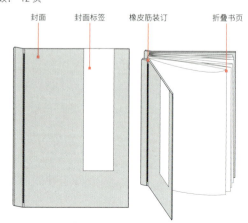

封面　　封面标签　　橡皮筋装订　　折叠书页

这本书是传统讲义和实验性艺术书籍的混合体，采用了多种设计元素，包括排版、版式和图层，创造出一种具有视觉吸引力和极大信息量的形式。

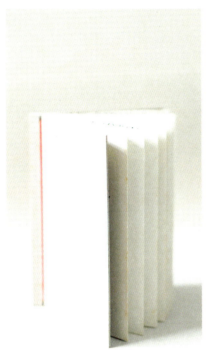

○ 这本书是对创新性和实验性版面设计的思考和提炼，融入了孟菲斯设计的俏皮图案和折中主义美学。版面设计系统而清晰，充满了趣味性和实验性。设计师使用橡皮筋作为装订形式，使书页尽可能具有灵活性，这样读者就可以轻松减少页面或添加额外的页面。读者可以轻松增删书页，表明这本书不是一个固定或静止的物体，而是一件有生命力的、可不断发展的艺术品。

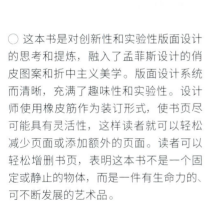

● 设计师：ZephTANG Design Studio（唐啸工作室）　语言：中文、英文

《人生》（*HUMAN*）

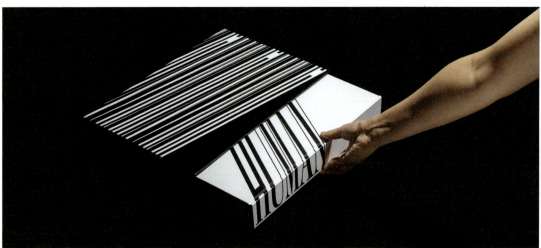

这本书是设计师在经历亲人离世之后对生活以及世界的反思，主题是"只有死亡是我们永远无法避免的必然选择"。

尺寸： 410 mm × 270 mm
印刷： 艺术印刷，手工刷胶，书口刷色
纸材： 美林纸
字体： Toppan，雅宋
装订： 筒子页手工刷胶
页数： 219 页

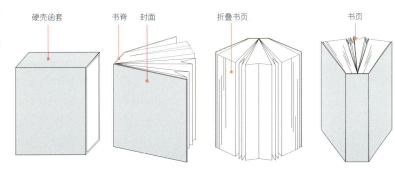

硬壳函套　　书脊　封面　　折叠书页　　书页

○ 这本书采用了筒子页以及夹页的装帧设计，大量使用异形切分，或是不同材质之间进行跳转。这些设计元素旨在体现出书籍的厚重感和层次感。设计灵感来源于这是一本拟物化的书籍，它想去呈现人一生中可能会用到的所有文件、证明以及会被记录的事情。根据这些多元信息，以及为了最大限度地还原文件可被抽取和传递的这个特性，设计师将异形切割的部分都做了蚂蚁线，可以撕拉下来成为独立被传播的页面。

《参与者：2》（*Number of Participants: 2*）

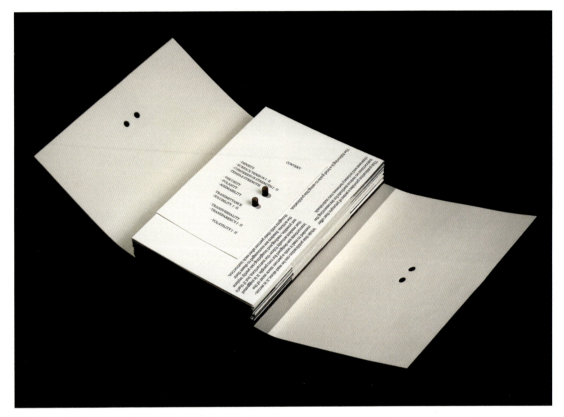

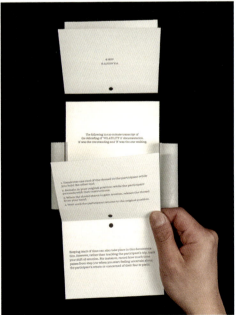

纸材：　照片纸，描图纸，纸板和纸页等
印刷：　数码印刷，喷墨印刷
字体：　Main-Mala，Sub-Shree Devanagari
装订：　螺钉结合
页数：　59 页

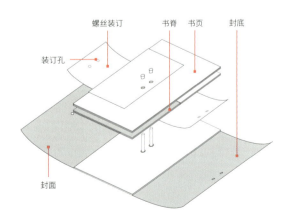

本书是一本表演指导选集，旨在引导读者观察两个人的动态。本书中策划的表演借用了分步指导的形式，将语用学作为一种理解意识及其体现复杂结构的方法。每条指令都以材料的特质命名，如"张力""黏性"和"透明度"。本书的索引结构就像一个旅程，是从人们日常生活中的外部发现到内心的深度融合。设计师邀请读者跟随，甚至主动迭代这些指示，体验多重探索，憧憬"你我"之间的空间维度。

○ 本书的设计挑战了从写作到身体体验的潜在延伸。它旨在鼓励人们积极地参与表演。这本书的结构采用了一种非常规的装订方法，利用单面开放的杆子（通常称螺丝钉）和打孔展开。书页大小如卡片，可拆卸，建议读者随身携带，以提示自己参与的可能性。此外，这本书有 A、B 两面，在结构上是分开的，鼓励读者邀请另一名参与者共同参与表演。说明提示卡上有各种可折叠的设计，与说明的结构相配合，使阅读和参与体验感更加戏剧化。

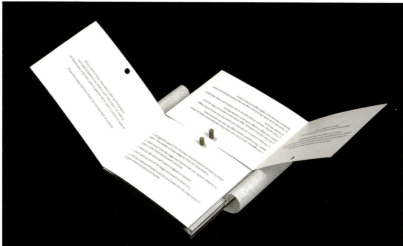

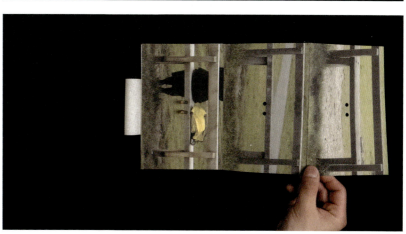

《昆虫的艺术》（*The Art of the Insect*）

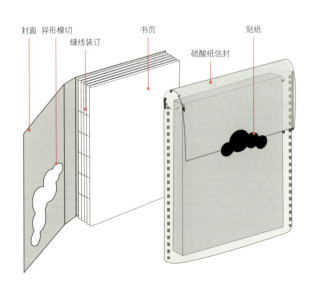

纸材：　莫霍克顶级环保纸
印刷：　数码印刷
字体：　Neue Haas Grotesk Display Pro
　　　　（衬线体）
装订：　线装
页数：　93 页

昆虫是自然界中的无名英雄，长期以来，它们以惊人的多样性、迷人的色彩和神秘的行为吸引着人们。然而，在昆虫错综复杂的美丽和重要的生态作用中，这些微小的生物往往被许多人忽视甚至憎恶。《昆虫的艺术》让读者走进昆虫的世界，了解这些微小生物令人难以置信的多样性和复杂性。

○ 本书介绍并赞美了各种美丽的昆虫，读者可以从中了解更多关于自然世界的知识，并进一步培养对身边小昆虫的欣赏能力，直接或间接地从昆虫中汲取灵感。全书共有三部分，分别是主书《昆虫的艺术》、迷你书《奇怪的昆虫行为》（The Strangest Insect Behaviour）和书签系列。本书的图形元素和视觉表现都向昆虫致敬。从色调、形状到页面布局、排版细节，每一个设计环节都与昆虫的行为，甚至它们对抗天敌的生存策略相呼应。

○ 书籍的不同尺寸、一些惊喜元素或不同页面中的折页传单、书签等，都为读者创造了更多的互动体验。

● 设计师：Copyright Reserved Studio（版权所有工作室）　语言：印度尼西亚文、英文

《紊乱无序 2》（*Domestic Disturbance 2*）

尺寸： 250 mm × 176 mm

纸材： 通过 FSC 森林环保认证的纸张，不含酸或氯

印刷： 四色印刷（大米和大豆油墨）

字体： Frankfurter（装饰性的无衬线体，形似热狗面包），Hiragino Kaku（日文衬线体），Roslindale（圆形无衬线体），Longinus（字母形似长矛的无衬线体），Helvetica（经典无衬线体）

装订： 自制折叠小册子，橡皮筋捆绑

页数： 36 页

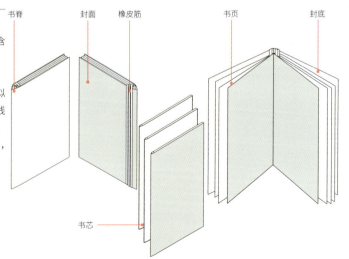

书脊　　封面　橡皮筋　　　　书页　　　封底

书芯

《紊乱无序 2》剥离了每个投稿人的循规蹈矩和行为规范，以探索他们的倾向性心理状态和个人欲望。每一期都有由八位设计师创作的三本杂志，并以集体思想的形式装订在一个活页夹中出售。

○ 在这本杂志上，设计团队的目标是在个人天性和本能行为之间取得平衡，让观众可以自发地参与其中，组装出自己喜欢的作品。此外，他们希望这是一个轻松而又有趣的过程和体验，因为思考过程取决于每个人作为个体是什么样子的，同时每个人都要充分利用他们各自的条件。每个版本都不尽相同，因为观众都在组装属于自己的不同版本。

● 设计师：Robbin Ami Silverberg（罗宾·阿米·西尔弗贝格）　语言：英文

《从梦想到灰烬》（*From Dreams to Ashes*）

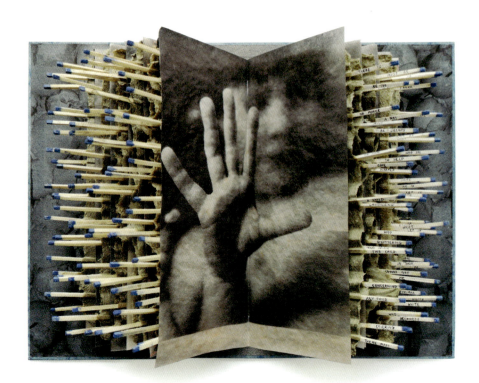

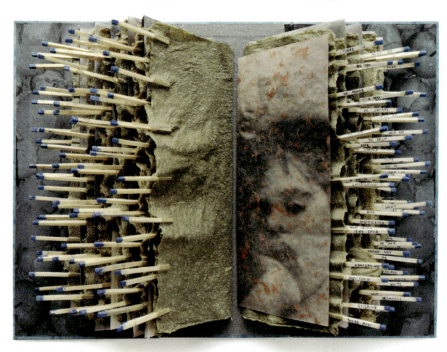

由于纸张易碎，设计师选择将主书的书页缝于粘在书脊板上的书布上。第一本散文的设计形式是基于一个噩梦，设计师将文字手写在火柴上，嵌在纸的前端。纸是用传说中能带来预言梦的艾草制成的。艾草和火柴这两种材料，同时带来了幻想和毁灭。作品中穿插的小男孩则为苦涩的梦境增添了一丝甜蜜。第二本书采用半透明纸张印刷，使得设计师根据真实梦境创作的散文文字与照片图像既有层次又有重叠。

○ 艾草纤维制成的纸张较脆，难以折叠、缝纫和装订，但选用艾草在概念上对作品而言至关重要。另一个挑战是如何以最有效的方式呈现与梦想和噩梦相关的想法和情感。在这方面，最有效的是认识到材料可以表达创作者的隐喻。

纸材： Dobbin Mill papers
　　　 （艺术家自制纸）
　　　 大书｜手工艾草纸
　　　 小书｜手工蕉麻纸
　　　 外盒｜棉擦布
印刷： 档案喷墨打印
装订： 硬盒装，两本书放在一个
　　　 盒子里
页数： 共82页，大册52页，小
　　　 册30页

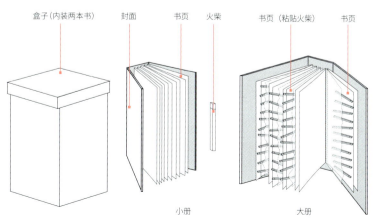

盒子(内装两本书)　封面　书页　火柴　书页（粘贴火柴）　书页

小册　　　　　　大册

139

● 设计师：Marta Guidotti（玛尔塔·吉多蒂）　语言：意大利文、英文

《你的国度不是你的国度》 (Your nation / not your nation)

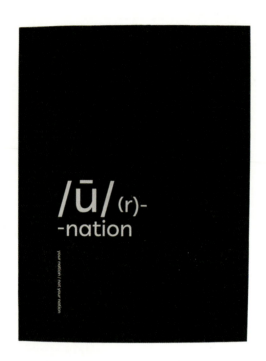

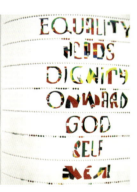

尺寸：　220 mm × 165 mm × 35 mm

纸材：　封面 | 黑色塑料触感纸 140 gsm
　　　　内页 | 胶版纸 90 gsm，GSK（FSC森林
　　　　环保认证纸张）

字体：　Ping，Peter Bilak

装订：　平装

页数：　286 页

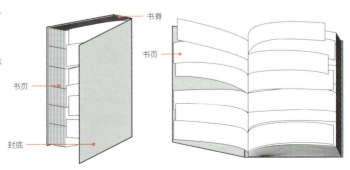

本书通过字母形状和书籍设计探讨身份和国家的主题。它设想了一种可能性，即通过一个包容各种独特性和身份的动态系统，为每个人量身打造一个乌托邦式的国家。

○ 这本书收集了所有国家的座右铭以及那些没有座右铭的国家，并通过解构的方式将其重新组合。并且，各国座右铭、国旗颜色以及每位读者的意见构成了一个统一体。设计师通过重叠与合并原座右铭中的字母以产生新的句子和形式，表现出本书的混合性与多元性特征。同时，设计师鼓励读者参与其中，重新排列座右铭词序。这使得每个人在不抹杀他人身份的情况下肯定自己的观点，从而形成一种不可分割的共存关系，有助于个人和集体身份的构建。这种方法既鼓励个人的解读和定制，又保留了他人的独特身份和视角，符合本书的多元化理念。

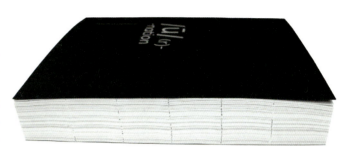

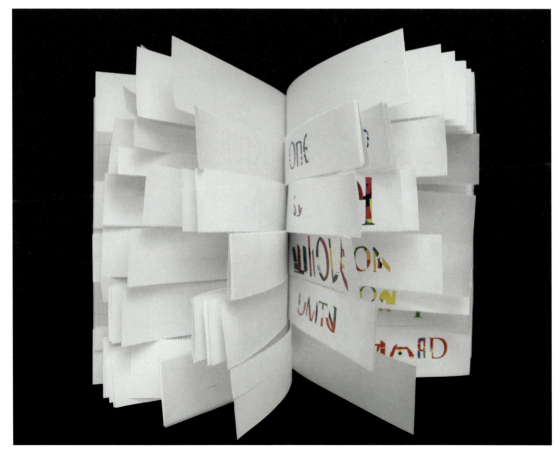

● 设计师：Lim Zhi Yee（林芷伊）　语言：英文

《月球之旅》（*A Journey to the Moon*）

纸材：　Coronado Stripple（特种纸），莫霍克
　　　　顶级环保纸
印刷：　数码印刷
字体：　Book Antiqua（基于意大利文艺复兴时
　　　　期的古典手绘字母而创作的衬线体）
装订：　科普特装
页数：　104 页

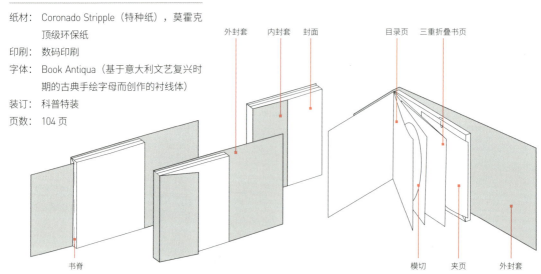

外封套　内封套　封面　　　　目录页　三重折叠书页

书脊　　　　　　　　　　　　模切　夹页　外封套

《月球之旅》是一本实验性的视觉图书，能带领读者探索月球的奥妙。设计师一直着迷于眺望月亮，在这个项目中，她借此机会探索了月亮的各个方面，从历史到科学，还包括文化信仰。

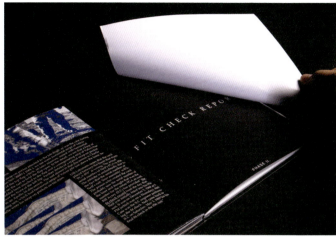

○ 设计师特地将这本书设计成正方形，目的是让它小巧玲珑，就像抱着月亮的感觉一样，小而强大。书的内页通过互动的设计，让读者感受到质感，仿佛自己也是 NASA（美国国家航空航天局）的一员，并正在登陆月球。

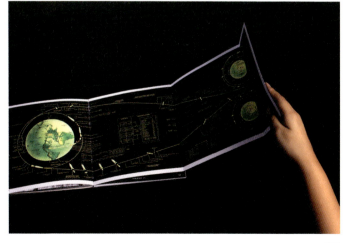

● 设计师：Sandra Teschow（桑德拉·特肖） 语言：德文 客户：Science Notes Magazin（一家德国杂志社）

《夜晚》（*Nacht*）

尺寸： 160 mm × 115 mm

纸材： 封面｜黑色卡纸板 270 gsm
内页｜优质白色纸 100 gsm

字体： Primo Serif（基于古典手绘字母而创作的衬线体）

页数： 284 页

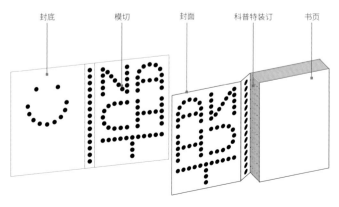

封底　　　　模切　　　　封面　　科普特装订　　书页

正如人类为黑夜带来光明一样，通过照亮或点亮一切重要的东西，能为书籍带来光明。文字、图形、照片和插图在黑色的书页中熠熠生辉。

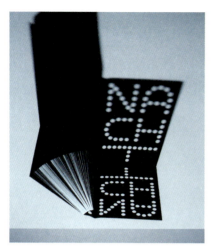

○ 标题有轻微的发光效果。在设计照片、插图和图形时，设计师要么使主题的黑色色调与背景的黑色色调相匹配，在主题和背景之间形成平滑过渡，要么使黑色色调有明显差异，以便将主题与背景区分开来。导言页的版式完全相同，字体区域严格遵循网格，排版清晰统一。通过封面上特意裁剪出的孔洞，光束可以打在后续页面上。翻开这一页，本期杂志的主题便跃然纸上。

○ 昼夜的交替遵循着恒定的节奏，这种节奏构成了本书设计的基础。书页设计始终遵循相同的节奏，字体大小相同，所有页面的布局相同，图形和插图的设计和编辑方式相同。没有任何偏离规则的地方，因为夜晚（亦即本书主题）总是遵循着恒定规律出现。

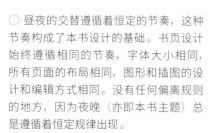

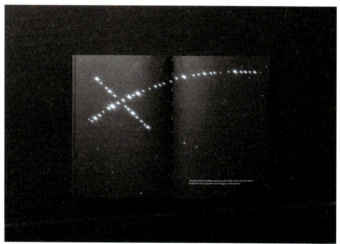

● 设计师：Wuthipol Ujathammarat　语言：英文

《内·景》（*in · scape*）

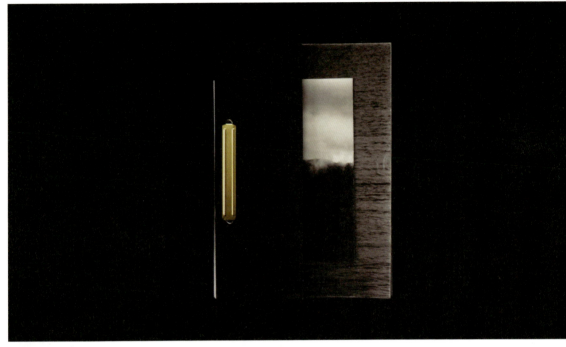

尺寸：　210 mm × 148 mm
纸材：　黑色酸性纸 80 gsm / 120 gsm
印刷：　数码印刷
装订：　80 毫米螺丝打孔稳固

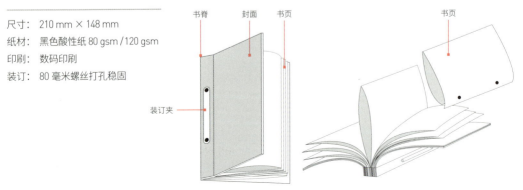

《内·景》揭示了一种观察自然景观的有趣方式。这启发了读者仔细观察黑白照片所表达的情感和思想。法式折叠的结构设计，鼓励读者去寻找和窥探，看看还有什么可供挖掘之处。作品还将阅读体验与故事情节在视觉和互动上融为一体，让读者的视线被自然的形状、形态和图案吸引，挖掘出自然景色中蕴含的情感、感觉和思想的真实本质。

● 设计师：Wuthipol Ujathammarat   语言：英文

《小黄车》 （*Little Yellow Spots*）

尺寸： 257 mm × 182 mm
纸材： 胶版纸 100 gsm
印刷： 数码印刷
装订： 文件夹组装形式，使
用装订和剪裁手法

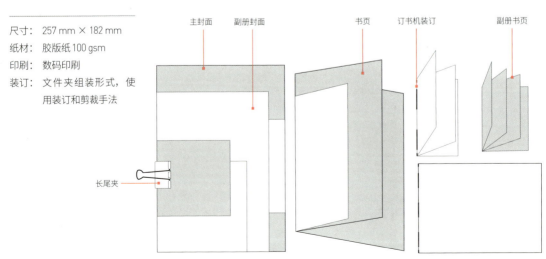

主封面 副册封面 书页 订书机装订 副册书页

长尾夹

泰国摄影师 Wuthipol Ujathammarat 发现，在新加坡的城市街道上，过多的自行车被无序地丢弃，这让他感到很惊讶。他的摄影集《小黄车》收录了他拍摄的一些陌生街景，这些街景中，无桩自行车被随意放置，成为一种城市艺术形式。

○ 摄影师强调的阴森恐怖的视角超越了政治或意识形态。作品介绍了新加坡给人的另一种印象，共享单车被视为一种世俗的艺术形式。他不同寻常的好奇心，通过城市色调和非典型的街道杂物，反思性地创造出一种异国风情，给新加坡带来一种奇特的美感。本项目的纸质印刷品中，没有任何文字描述，取而代之的是读者需要扫描一个二维码，才能获取有关作品的其他内容——这和扫码使用共享单车的工作原理一样。

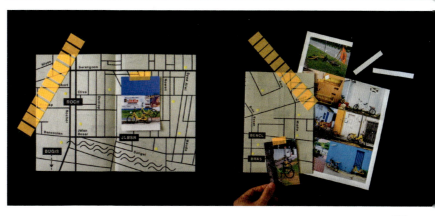

折叠

如何呈现别出心裁的纸上褶皱

书籍不只是平面的，也可以是折叠的，更可以是立体的。书籍不仅仅是一页一页的纸张，它也可以通过不同的形式和设计，呈现出更丰富的层次感和空间感。折叠书籍是一种非常古老却也非常现代的做法，不仅可以节省空间，还可以通过打开和关闭书籍不同的部分，呈现出不同的形状和结构。这种多样化的设计不仅可以增加书籍的趣味性和可读性，还可以让读者更加深入地了解书籍的内容和主题。这种设计不仅可以吸引读者的眼球，还可以让书籍更具观赏性和趣味性。

《爱的形态》

尺寸：　305 mm × 255 mm

纸材：　埃斯卡灰卡，BRISK
　　　　白色，白牛皮纸

字体：　方正宝黑，Adobe 宋
　　　　体 Std

装订：　折页，骑马订装订

页数：　20 页

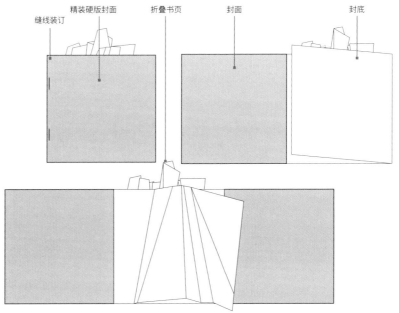

"爱是什么"，这是一个让人头疼的问题，因为它没有一个模式化的答案。爱不止一种，爱的表达方式也不止一种。珍视一个人是爱，珍惜一份归属也是爱。创作团队制作这本小杂志的目的，就是要把"爱是什么"这个问题还给读者。

○ 一位设计师根据自己对爱的不同理解进行创作，并将其描绘在"爱"字的轮廓上，另一位设计师则根据自己的理解做出回应，并将其转化为文字。10 组设计代表了"爱"字的 10 个笔画。爱的形式远不止 10 种。设计师们捕捉到其中的片段和瞬间，并将其表述出来。

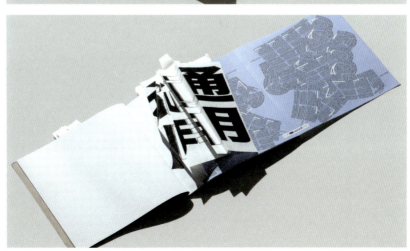

● 设计师：Belinda Ulrich（贝琳达·乌尔里希），Louisa Kirchner（路易莎·基什内尔），Alessia Oertel（阿莱西亚·奥特尔）　语言：德文、法文、英文

《身体之书》（*Buch der Körper*）

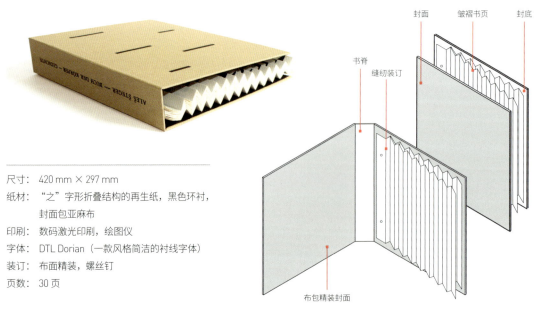

尺寸：　420 mm × 297 mm

纸材：　"之"字形折叠结构的再生纸，黑色环衬，
　　　　封面包亚麻布

印刷：　数码激光印刷，绘图仪

字体：　DTL Dorian（一款风格简洁的衬线字体）

装订：　布面精装，螺丝钉

页数：　30 页

《身体之书》源自 2017 年三位设计师在穆特修斯艺术与设计学院的合作。作品深入探讨了书籍设计的功能性与艺术表达之间的界限。书名来自阿莱士·施蒂格（Aleš Šteger）的诗歌，为设计师们的探索提供了动力。这首诗是对身体和语言之间相互作用的研究，其核心主题是爱、痛苦、困惑和孤独。

○ 内容书写采用短篇散文的形式，时常戛然而止。"—"和"——"是被用于表示思想的转变和连接的关联词。反复出现的破折号是封面和全书的主题。在折页上使用破折号，既能形成互补，又能形成对比。设计团队希望让诗歌看起来温暖有力，因此选择了笔画对比度低、上行距和下行距较宽的 DTL Dorian 字体。为了增强情感冲击力，设计团队选择了"之"字形折页。外壳采用经典的实心书皮，与精致的内页形成对比。封面使用沙色亚麻布，让人联想到肤色。诗歌采用结构柔软的再生纸印刷。全书以黑色环衬收尾，金色的螺丝将书页固定在一起。

○ "之"字形折页并非随意而为，它反映了《身体之书》的情感深度。折叠放大了情感，让读者参与触觉之旅。这种结构将书籍从文字转化为一种感官体验。折叠的节奏打破了统一的排版，引人深思。它与诗歌的情感流动相呼应，增加了另一层含义。折叠是形式与主题之间的舞蹈。这是设计团队打破常规的一种方式，旨在创造出一种在理性和感性上都能产生共鸣的体验。

● 设计师：Toby Ng Design　语言：英文　客户：新世界发展有限公司

《柏傲山》（*The Pavilia Hill*）

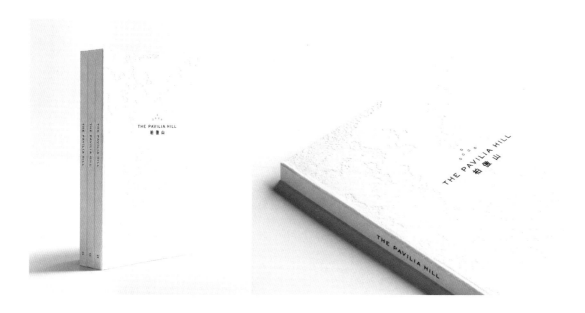

柏傲山位于香港中心地带，是由文化企业家郑志刚根据新世界发展有限公司的"匠人运动"（The Artisanal Movement）策划的豪华住宅项目。其设计理念向自然和工艺致敬，室内设计和景观设计均以"侘寂"（Wabi-Sabi）美学为基础。"侘寂"是一种日本美学和世界观，其核心是接受短暂和不完美。

尺寸：   280 mm × 200 mm × 12 mm
印刷：   CMYK 四色印刷，凹版印刷
字体：   Plantin Std（衬线体），Sweet Sans
        Pro（无衬线体）
页数：   65 页

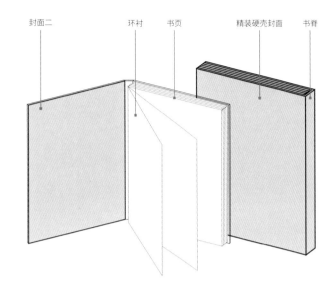

○ 基于"侘寂"美学的原则，设计团队设计了一本内涵丰富、质感十足的书，以反映这座由日本禅师和景观建筑师枡野俊明（Shunmyo Masuno）设计的禅院式住宅的主要特色——静谧。该书的硬封面选用了原石纹理纸张，与柏傲山中的特殊石雕相得益彰。此外，该书还采用多种印刷方法，并精选了10种质感丰富的花纹纸，最终为读者带来了震撼的视觉冲击和感官体验。

《河流》

尺寸： 无固定开本尺寸
纸材： 艺术纸，美纹纸，硫酸纸
印刷： Riso 印刷
装订： 随机装订
页数： 20 页

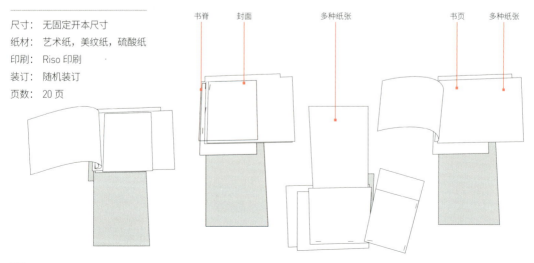

书脊　封面　　　　　多种纸张　　　　　书页　多种纸张

这个作品旨在向读者介绍"印刷错误"和"排版河流"的相关知识，或者让读者意识到排版河流其实并不可怕。读者可以了解印刷错误和排版河流的原因和影响，以及如何避免或解决这些问题。这个作品本身也将成为有关如何正确理解排版河流的重要部分。

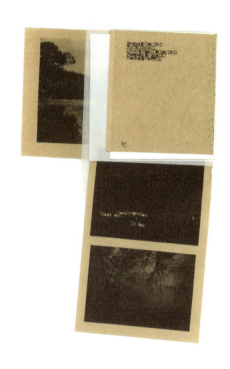

○ 在设计中，设计团队大量运用了极端的错位印刷和分割排版，这些错位印刷和分割排版构成了不同的纸张表现效果。在许多设计师或者印刷者眼里，这是不合格的，但是设计团队希望这个问题可以被读者正确接受。这对设计以及印刷行业来说，是一个新的探讨话题和可能性。

○ 设计团队试图用图形美感去印证印刷错误和排版河流在阅读过程中产生的正确与错误的关系。在图形设计方面，设计团队运用了大量实验性的图形元素，通过Riso印刷方式产生更多的不确定性和随机性，以此呈现出独特的视觉效果；在字体方面，则选用了多种不同风格的字体，通过排版的方式营造出独特的阅读体验。通过这一系列作品，设计团队试图表达阅读的无穷可能性和多样性。

● 设计师：Atelier d'Alves（一家来自葡萄牙的设计工作室）　语言：英文　客户：Rampa

《夜之花园》（*A Garden at Night*）

尺寸：　190 mm × 120 mm

纸材：　白色蒙肯纸 115 gsm，
　　　　黑色 Pop Set 240 gsm，
　　　　镜面板

印刷：　胶版印刷

字体：　Stellage Display（几何
　　　　衬线体）

页数：　共 50 页，文字部分书
　　　　页 40 页，风琴折书页
　　　　10 页

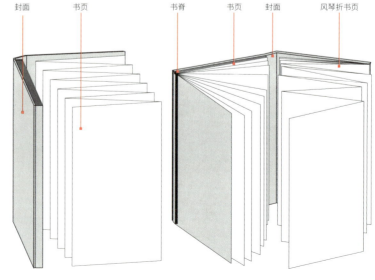

"夜之花园"是艺术家提亚戈·马达莱诺（Tiago Madaleno）举办的一次艺术展览，以库尔特·施维特斯（Kurt Schwitters，一位达达主义艺术家）童年时拥有的一座花园和花园被毁的悲剧事件为基础。这本书主要反映了展览的主题：花园、库尔特的生平和作品，以及"文字扩展到空间"的概念。本书还引用了英国花园哲学中为人所熟知的"漫游者"这一概念，以重现身体与景观之间的对话。

○ 全书分为两条路线：一条是文字，由三位作者撰写的关于花园、库尔特·施维特斯和"文字扩展到空间"的文章共同组成；另一条是镜面风琴式对开本，玩转镜面反射、蒙太奇和感知。设计师之所以选择镜面纸材质，其中一个原因与"替身"的概念以及库尔特和皮尔斯（英国景观设计师）的故事有关，另一个原因是出于对景观概念以及正式与非正式、秩序与混乱、构成与野性之间的紧张关系的探讨。

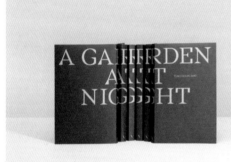

○ 设计的主要概念是通过某种临时的风景画来展现无限的风景。利用镜面，这本书可以打破全景图的稳定性——全景图曾多次与对开本的长幅楣板联系在一起，并能够无限探索画中树木的延伸倒影。从这个意义上说，这本书是由作者邀请读者进行创作，即使它始终处于一个不稳定的构图中，根据读者的观看位置和书在空间中的展示方式而持续变化。

● 设计师：Robbin Ami Silverberg　语言：德文、法文、英文

《残痕》（*Abriss*）

纸材：　嵌有街道碎屑的多宾纸
　　　　（艺术家自制纸）

印刷：　档案喷墨打印

装订：　胶合合页装订，横向和纵
　　　　向双向展开

页数：　共 31 页，横开 26 页，竖
　　　　开 5 页

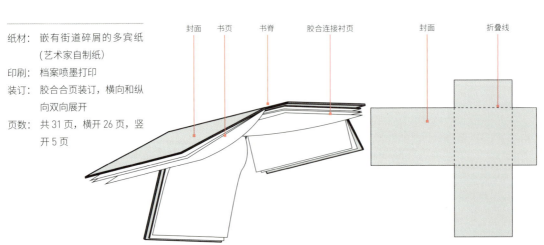

封面　　书页　　书脊　　胶合连接衬页　　　　封面　　折叠线

"abriss"（kante）这个词在德语中的意思是撕下的边缘或残根。《残痕》是装置、表演和书籍的非线性组合，是作者对纽约市进行流动测绘的成果。作者称这种做法为"回想"，是"遗忘"的反义词，或如苏格拉底所断定的那样，人们所认为的学习，其实就是对遗忘事物的回想。

○ 自 2009 年以来，作者创作了数百张张贴物，并将其放置在城市的各个特定地点。每份不同版本的张贴物都包含相同顺序的文字和图片。不过，它们在材料上还是有所不同：为了激活读者的记忆，每一页都包含了作者在之前的徒步旅行中收集的纸屑，然后以夹杂物或纸浆的形式融入作者在多宾磨坊制作的纸张中。这些张贴物让观众参与关于地点和记忆的心理地理学讨论中。胶合合页装订使这本书的页面可以同时纵向和横向平铺展开。闭合后的书籍结构呈椭圆形。

● 设计师：Robbin Ami Silverberg　语言：英文

《散步回忆》（*Memory Walk*）

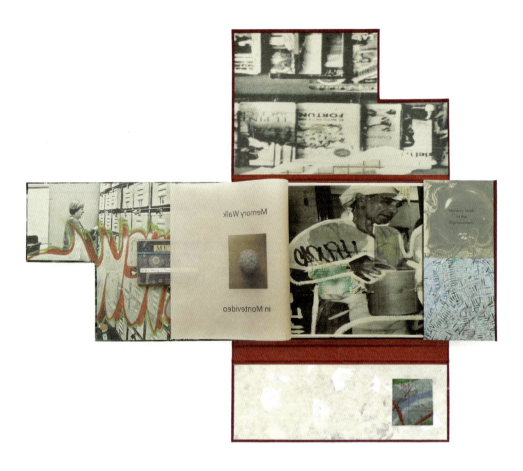

纸材：　多宾纸（艺术家自制纸），嵌有地图碎片的棉布纸和刺槐纸

印刷：　档案喷墨打印

装订：　法式开门装订，一面是刺绣装订，另一面是带折页的小册子

页数：　共34页，大书14页，小册子20页

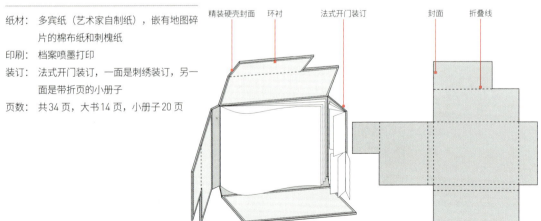

精装硬壳封面　　环衬　　　法式开门装订　　　封面　　折叠线

记忆宫殿是一种古老的记忆方式，它与人脑中的空间记忆相结合。本书展示了三座不同的记忆宫殿，它们被设计成漫步的形式：乌拉圭蒙得维的亚的街道，设计师在美国纽约布鲁克林的家和工作室，以及位于阿姆斯特丹里克斯的荷兰国立博物馆的画廊。

○ 空间和时间记忆在这本书的法式开门结构中交会，左侧是由多层半透明纸张组成的刺绣装订，右侧是一本带折页的小册子。设计师在另一个项目中使用了两台艺术机器人（Artbots，由柏林的Käthe Wenzel 制造）为她的手工纸张上色，并将其重新利用。她在纸上画了一些移动的线条，表示从一个物体移动到另一个物体。最后，每一个版本都嵌入了不同的音乐磁带。这些图像、物品和地点都是视觉的诗歌。书中的空间和页面的移动为读者创造对话和诗歌逻辑。

○ 在本书中，设计出一种适合各种可能的阅读形式的书籍结构是一项挑战。设计中有些部分需要有层次，以暗示记忆的行为，而有些部分则需要折页，以改变文字或图片的布局，就像随着思想的发展而改变思想的顺序一样。此外，设计师还希望纸张在翻动时能发出不同的声音。

● 设计师：Esra Melody Butcher（埃斯拉·梅迪·布彻）　语言：英文　客户：字体设计课程作业

《蝇王（特装版）》 *(Lord of the Flies - Special Edition)*

尺寸：　封面 ｜ 180 mm × 90 mm
　　　　展开 ｜ 180 mm × 560 mm
　　　　内页 ｜ 148 mm × 105 mm

纸材：　可回收纸

字体：　Akzidenz Grotesk（德国字体，常用
　　　　于科学刊物），DTL Documenta（无
　　　　衬线体），Bitstream Vera Sans（无
　　　　衬线体）

页数：　160 页

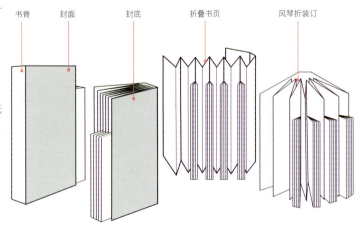

书脊　　封面　　　　　　封底　　　　折叠书页　　　　风琴折装订

这本书是为威廉·戈尔丁的小说《蝇王》出版六十周年纪念而设计的。这部小说讲述了一群小男孩在飞机失事后被困在无人岛上的故事。随着时间的推移，他们试图通过建立规则和制度来维持秩序。然而，在没有成人监督的情况下，建立小型文明的斗争导致了野蛮和暴力，从而造成了灾难性的后果。

○ 设计师的主要灵感来源于小说《蝇王》中人物被困在孤岛时的内心冲突，以及他们是如何在时间的长河中堕落和变得内心扭曲的。设计师想采用一种非常手工的方法，因此使用了扫描仪对文字和图像进行扭曲。这本书被设计成一座小岛的样子，印在较小版面上的章节则代表了男孩们的青春。各章节之间由封面折叠而成的板块隔开，当书的封面伸展开来时，每个板块上都有一幅彼得·布鲁克根据小说改编的黑白电影剧照。图像和文字的扭曲暗示了男孩们的堕落；各章节则代表了男孩们带着各自的想法彼此孤立，但仍相互依偎在这座岛上，这就是本书的主体。

○ 接受自己独特的设计方法是设计师面临的困难之一。设计师坦言，很容易对自己产生怀疑，并混淆原创性与创作无能或与潮流脱节的感觉。建立坚实的设计原则基础，然后开发自己的方法来解决每个设计问题，对他们的职业生涯有着极大的益处。对设计师来说，答案往往隐藏在设计产品的内容或目标用户之中，挑战在于如何用创意和知识来找到这些答案。

● 设计师：陈雨桐　语言：中文、英文

《一间自己的房间》（*A Room of One's Own*）

设计师通过重新设计弗吉尼亚·伍尔夫（Virginia Woolf）这部作品的首尾章节，探讨字体排印如何影响叙事体验。设计师希望在传达伍尔夫充满活力的语言和绝妙隐喻的同时，创造出"私密谈话"的氛围，用书的实体创造概念的空间，诠释书中提到的"心智自由"的概念。在此项目中，设计师同时使用中英双语排版，试图建立一套和谐的平行字体排印系统。

纸材： 封面｜Summerset Texture White（夏日套装白色纹理纸）300 gsm

字体： Spectral Regular（免费字体，可供商用），Basic Sans ExtraLight（现代无衬线体），点字典仿宋 Bold，方正仿宋 Regular，Baskerville Regular（古典衬线体）

装订： 车线装订

页数： 中文版和英文版左右对开装订；共 52 页，第一章 28 页，第六章 24 页

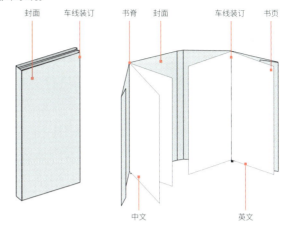

封面　车线装订　书脊　封面　车线装订　书页

中文　英文

○ 设计师的初衷是设计一本使年轻读者方便携带的书，就像一间随身携带的"小小房间"。在内页排版上，设计师基于竖长条的形状，选择将脚注的部分直接塞进正文作为停顿和节奏，使读者避免因为连续阅读冗长的文段而感到无趣。

● 设计师：Ana Leite（安娜·雷特），Eduarda Fernandes（爱德华达·费尔南德斯），Luana Barbosa（露娜·巴勃萨），Thiago Liberdade（蒂亚戈·利贝尔达德）　语言：葡萄牙文

《怀旧：痛苦消失术》 （*Nostalgia: an Eraser for Atrocious Truths*）

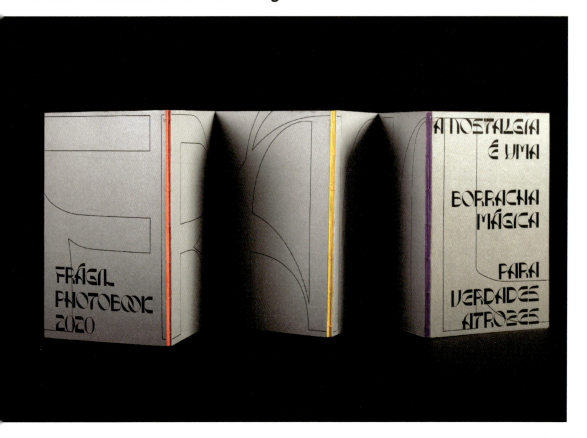

尺寸：　合上｜ 210 mm × 148 mm
　　　　展开｜ 210 mm × 891 mm
纸材：　银色星梦 （意大利珠光纸）300 gsm，
　　　　纯蒙肯纸 100 gsm
字体：　Libertad （由 Fernando Díaz 设计），
　　　　Costes Typeface （ 由 Murathan Biliktu
　　　　设计）
装订：　手工线装笔记本式装订
页数：　144 页

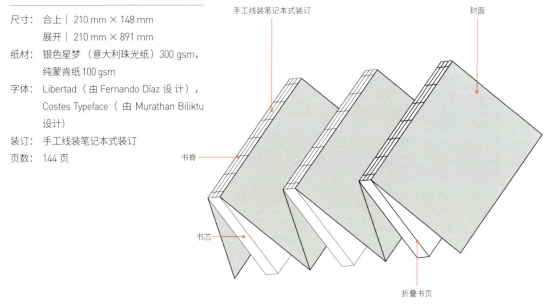

手工线装笔记本式装订

封面

书脊

书芯

折叠书页

位于里斯本上城区（Bairro Alto）的夜总会 Frágil 是一个传奇空间，于 20 世纪 80 年代和 90 年代达到鼎盛期。许多葡萄牙摇滚明星、艺术家和演员都曾光顾此处，使其成为公共社区。人们在疫情暴发期间回忆起在夜总会举办的狂欢派对，渴望回到过去。这本摄影集就是在集合 Frágil 在网络相册中留下的文字和图片、重温过去的过程中产生的。这三本书分别代表了过去的十年。

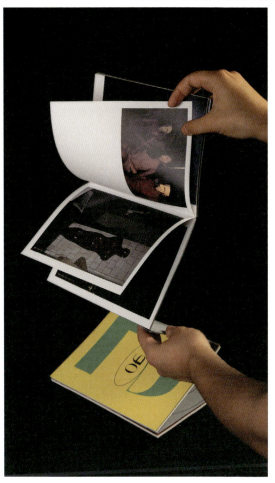

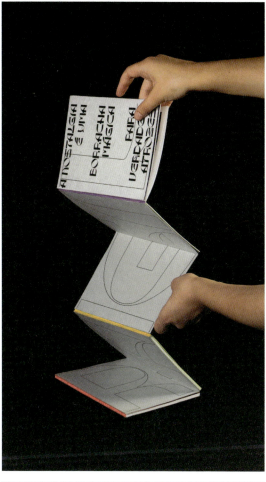

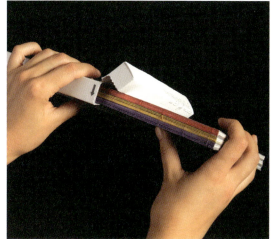

● 设计师：The Third Studio（第三工作室）　语言：西班牙文、英文　客户：Francisco Ramirez（弗朗西斯科·拉米雷斯）

《眼不见为净》（*Ojos Que No Ven*）

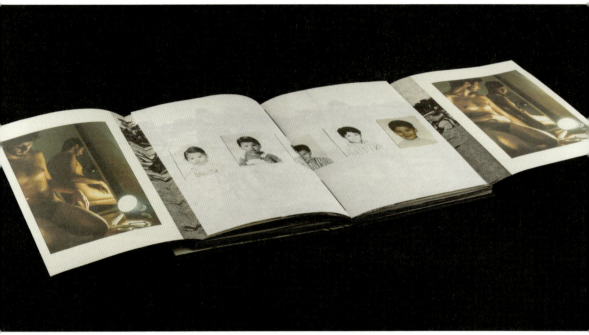

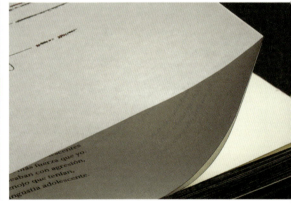

尺寸：　250 mm × 210 mm

纸材：　Mantequilla 90 gsm，Superfine
　　　　Softwhite 118 gsm，Feltmark Ivory
　　　　216 gsm，Antique Vellum Black（均
　　　　为外国特种纸）

字体：　Alegreya

页数：　148 页

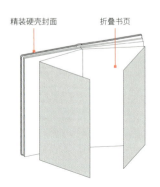

精装硬壳封面　折叠书页

封面　书页

书名取自一句俗语"Ojos que no ven, corazón que no siente"，意思是"你不知道的东西不会伤害你"，更通俗一点的说法是"眼不见，心不烦"。本书以女性的亲身经历为缩影，围绕性、暴力和性别等主题展开论述，揭露了这些一直被社会所忽视的问题。作者认为，对这些问题视而不见只会造成更大的伤害。

○ 该项目从"隐晦"的概念出发，即什么是场景之外的，什么是看不到的。因此，这本书是一个黑色的物体，封面是用UV油墨印在黑纸上的，这就需要读者通过光源来观察封面；也正因如此，书口被涂成了黑色。为了不影响读者阅读照片，设计团队决定采用可180度打开的装订方式。该设计突出的特点之一是，读者必须翻开几页才能看到作者的"书面证词"，这是在试图模拟作者的情感体验，同时也说明不仅可以通过文字和图片来讲述故事，材料、设计甚至装订都有助于加强叙事。

《洞》

纸材：　可回收纸
印刷：　数码印刷
字体：　黑体
装订：　切后折叠
页数：　12 页

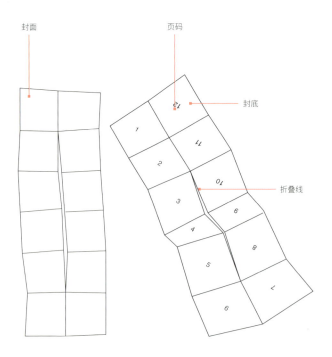

封面

页码

封底

折叠线

如果地上忽然出现一个洞，你会扔进一块石头吗？基于星新一的短篇科幻小说《喂——出来》，设计师策划了一场针对儿童的环保主题互动展览，并为此设计了展览活动视觉。此作品是展览活动的宣传册和说明书，设计师希望它结构简单，且制作成本较低，所以想到了用一张纸就可以完成的小册子形式。作品折叠起来是正方形的小册子，读者可以从不同角度阅读，也增加了一些趣味。

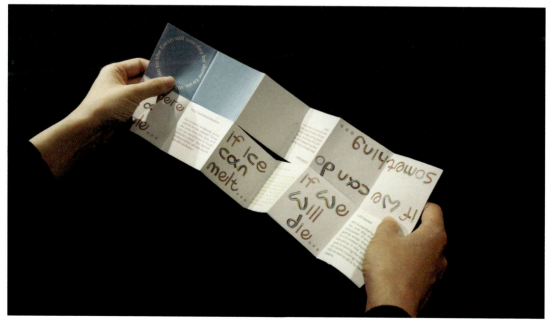

● 设计师：Wuthipol Ujathammarat　语言：英文

《棒棒糖乌托邦》

尺寸：　148 mm × 105 mm
纸材：　布纹纸 120 gsm
印刷：　Riso 印刷
装订：　手工折叠

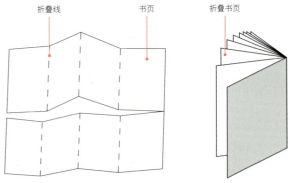

折叠线　　　　书页　　　　折叠书页

《棒棒糖乌托邦》是对设计师之前的《平凡的一天》（Day Mundane，2017）和《冰棒街》（Popsicle District，2020）的反思性回应，以独特而奇异的视角记录了新加坡，这座作者慢慢喜欢上的城市。本书记录了城市景观的饱和美学，通过使用色彩鲜艳的 Riso 印刷，对新加坡进行了超越现实的视觉解读。作品呈现的结果令人惊喜，它创造了一个多色棒棒糖乌托邦的幻觉。

○ 通过构图，设计师选择突出城市景观中尚未开发的细节，其中包括搭配相得益彰的城市结构、纹理和色彩。这种极简主义的视觉效果展现出对棒棒糖乌托邦具有隐喻意义的感知，即在乌托邦里，消除通常与新加坡相关且引人注目的细节来揭示生动的城市美学。

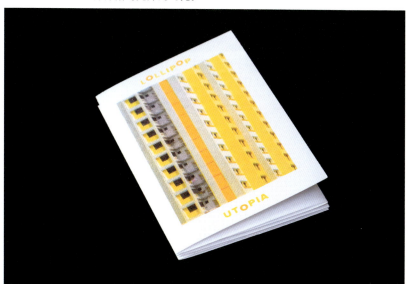

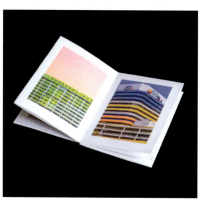

● 设计师：Wuthipol Ujathammarat　语言：英文

《晦涩难懂的视觉迷宫》（*Made Obscure: The Visual Maze*）

尺寸：　105 mm × 74 mm
纸材：　蛋壳纸 120 gsm
印刷：　数码印刷
装订：　手工折叠

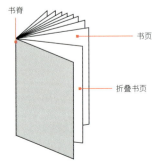

在曼谷的唐人街，街上那些没有注解的彩色墙壁，其视觉诠释引发了设计师无尽的想象。这本书开启了一场令人费解的视觉探险，俏皮地揭示了唐人街外墙色调的模糊性，只有细心观察者才能获得这一罕见的视角。

○ 通过有趣的摄影体验，这件艺术纸制品在概念上重现了一种"探路"的感觉。纸页折叠展开，就像迷宫地图一样。这也与这本书的蛇腹形设计相关，它反映了唐人街的大街小巷是如何像迷宫一样纠缠在一起，并引向不同分岔口的。设计师鼓励读者沿着"之"字形的浏览顺序，细细品味这些晦涩难懂的褶皱，并思考这样一个问题：唐人街的呈现内容是否可以反映中国传统的风味文化？

● 设计师：夹子 Zero　语言：中文、英文

《森之隐春之图鉴》

尺寸：　210 mm × 148 mm
纸材：　G F Smith Parch Marque（仿羊皮纸）
印刷：　Riso 印刷
字体：　原创手写字体
装订：　经折装
页数：　12 页

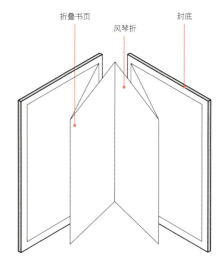

封面　　折叠书页　　风琴折　　封底

这本小志是设计师基于自己的个人项目"森之隐博物馆系列"所创作的延展项目。基于自然、神秘、魔法的概念，设计师从一些灭绝的植物中寻求灵感，创作出符合系列设定的魔法植物图鉴。

○ 最初用手工版画的形式进行雕刻和印刷，以此获得手工制品特有的拙气和随机的肌理。随后使用Riso印刷这一复古且油墨鲜亮的印刷方式进行二次印刷。最终使用能连续呈现画面的经折装装帧形式，也是为了传达出一种古老、富有手工质感、贴近自然、不同于常规书籍的阅读氛围。在古代，经折装多用于佛教典籍，这也为这一书籍装帧形式增添了一些神秘学的视觉印象，有助于构建魔法植物图鉴设定下的阅读氛围。

● 设计师：尹琳琳　语言：中文　客户：中国工人出版社

《看戏》

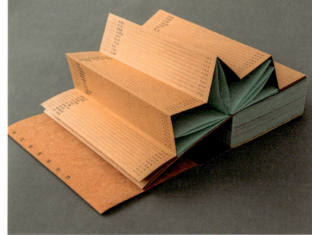

这是一本介绍京剧的书，以一戏一文一图的形式呈现。在书籍结构设计上，设计师希望读者打开这本书时，像是拉开一道通往京剧艺术的大幕。《给读者的一封信》既是京剧演员于魁智写给读者的一封信，也是一次邀约。读者在此会收到一张戏票，由此走进"剧场"开始"看戏"。

尺寸： 238 mm × 152 mm
纸材： 雨丝纸 60 gsm，宣纸 60 gsm
印刷： 四色印刷，专色印刷
字体： 汉仪玄宋
装订： 锁线胶装
页数： 672 页

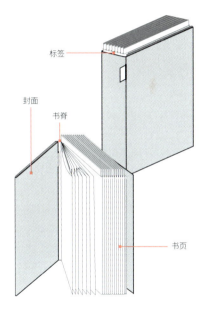

标签
封面
书脊
书页

○ 目录被设计成京剧舞台的幕布。大幕拉开，戏目显现，幕布后面，生、旦、净、丑几大行当的人物渐次出场。书籍设色按京剧舞台的枣红色大幕、浅绿色二道幕、浅黄色三道幕来设计，借此烘托出舞台的氛围。每折戏相对独立，阅读时从戏目、戏名、戏种到说戏、说角、杂说、戏词、戏画一步步展开和推进，戏画以写意国画风格创作。每看完一折戏，会有一个幕间休息的空间，在此读者可以自由选择进入任意一折戏，每折戏都演绎一个精彩的故事。

● 设计师：for&st 工作室　语言：中文、英文　客户：沈君怡

《不能承受的轻》

纸材：　封面｜和纸云龙
　　　　艺术家宣言部分｜大地纸
　　　　书籍主体｜日本菊花广告纸
印刷：　激光镭射印刷，胶版印刷
字体：　凸版文久明朝
装订：　半龙鳞装
页数：　14 页

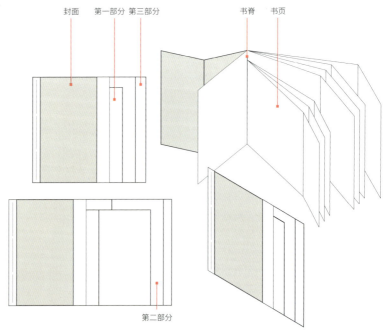

封面　　第一部分　第三部分　　　　书脊　　书页

第二部分

"不能承受的轻,和所有无法言说的真相"是艺术家的个人展览,由三个大小不一的部分组成,分别反映了"浮生""密文"和"栖息的小岛"三个里程碑。每件作品的描述都被印在半透明纸的翻页上,读者只能从正面看到部分内容,就像被隐藏起来一样,但当读者愿意翻开去发现时,真相还是会显现出来。

　　○ 全书采用半龙鳞装的装帧手法,各部分大小不一,折叠后需要读者互动才能揭示内容,同时也提供了一种难忘的阅读体验。这种结构与艺术家的个展相呼应,而"不能承受的轻"这一看似冷冰冰的展览信息却是一种情感状态,需要一种微妙而沉静的氛围来传达每件作品背后的内在信息。为了实现这种微妙性,设计师想到了"捉迷藏"的概念,将书页折叠起来,将作品印在半透明的纸上,让读者似有所感,以一种非常巧妙的方式指引他们去主动了解更多的故事。

● 设计师：ZephTANG Design Studio　语言：中文、法文　客户：乱写一天团队

《给一群陌生的读者》

纸材：　艺术道林纸，硫酸纸
印刷：　书口刷色，硫酸纸印刷，
　　　　专色印刷
装订：　锁线加硫酸纸压印
页数：　50 页

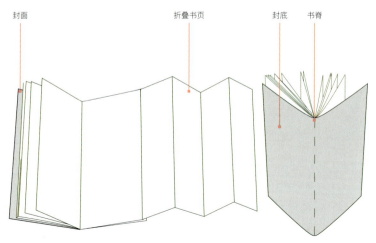

封面　　　　　　折叠书页　　　　封底　书脊

当人们拿到一份印刷品时，他们通常会期待能够轻松愉快地阅读。但是《给一群陌生的读者》打破了这种传统的惯例。这是一本由乱写一天团队提供的独特文本构成的书籍设计作品，其中包含许多尖锐、不友好，甚至晦涩难懂的文字内容。难懂的文字经过再设计之后被赋予了更多含义，伴随着新的阅读体验，混淆了设计和理解的边界。

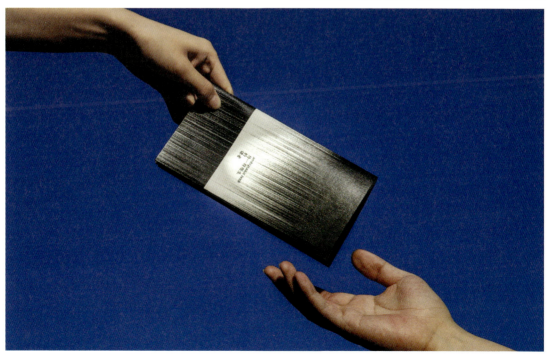

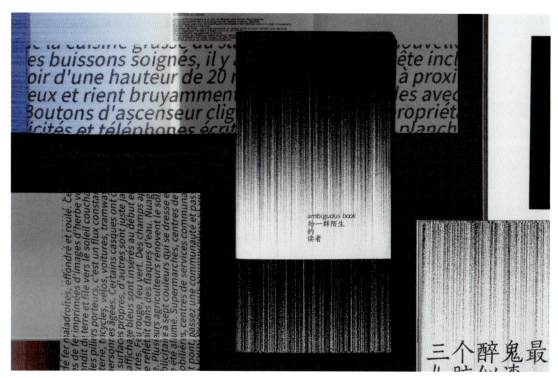

○ 在设计中，设计师采用了大量印刷痕迹和油墨，这种方式表达了这些文字对读者内心深处的影响。设计师的目的是让读者在阅读时不仅仅是享受书中的内容，而是深入思考这些内容，甚至是受到这些文字的影响。这种设计选择强调了作者想要传达的内涵，表达了一种不被定义的、神秘的意味。

○ 页面上的大量印刷痕迹和油墨进一步增强了书籍的表达力，这部书籍设计作品旨在打破传统的阅读习惯，引导读者深入思考和体验文字背后更深层的含义。读者会因此获得一种独特的阅读体验，甚至可能受到文字的影响。排版、印刷痕迹和油墨等元素的使用，共同营造出一种深沉、神秘而令人难忘的阅读体验。

● 设计师：理式意象设计　语言：中文、英文　客户：台北市立美术馆

《未竟之役：太空，家屋，现代主义》

尺寸：　260 mm × 190 mm

纸材：　日本书籍纸，凝雪映书，黑卡纸

字体：　Bliss Pro（无衬线体），Capitolina，
　　　　M Bitmap Square HK，MkaiHK（图形
　　　　风格的中文字体），VDL-YotaG M，
　　　　Presicav（装饰性的日文字体），文鼎
　　　　晶熙黑体 B5 Pro MD

装订：　裸脊线装书背包布加书盒

页数：　220 页

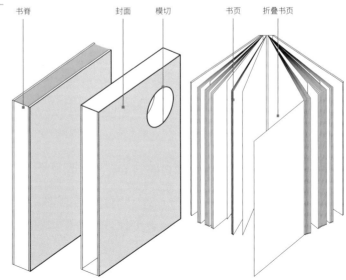

"未竟之役：太空，家屋，现代主义"展览举办于 2021 年 10 月，由两位客座策展人透过部分台北市立美术馆馆藏作品与入选参展的当代艺术作品，交织出宏大叙事。展览作品横跨现代主义与现代制作。三个相互交织的主题"太空竞赛后的宇宙技术""寰宇家务"及"自由世界的美学网络"，剖析了当时历史氛围的复杂性。

○ 展览专书设计，借外盒圆窗对应展场的玻璃圆窗作为开端，回应建筑师、艺术家王大闳融合中西方现代主义的月洞窗，带出宇宙空间的意识想象。内页以双向的中英文编排交织而成，希望通过翻阅顺序，还原展场动线，企图带入本展览关于中西方交会、现代与当代的互文性对话。

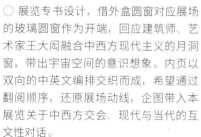

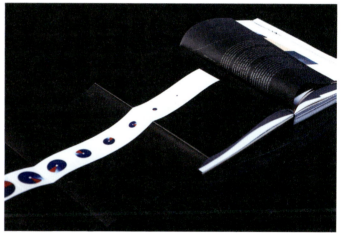

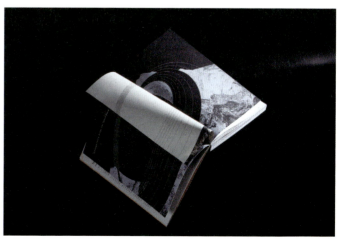

撕切

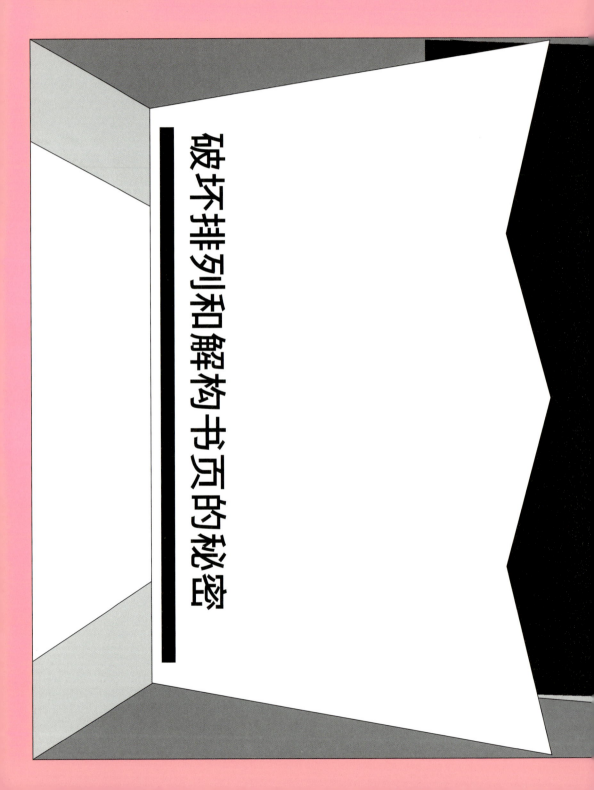

破坏排列和解构书页的秘密

或撕或切，看似是对书籍的
破坏，却增添了几分别样的韵味。
有时，书籍也会因为时间和
人们的使用，或者特殊
的设计理念而变得破
旧、残损。然而，这种破
坏并不总是消极的。在某些情
况下，这种破坏可以为书籍带来一
种独特的韵味，使得书籍更加具有个
性和独特性。一些艺术家和设计
师可能会对书籍进行破坏，
以创造出新的艺术形
式和设计风格。他们
可能会将书籍的某些部分去
掉或撕下，为书籍带来了新的生
命和韵味。这种破坏并不一定是消极
的，反而在一定程度上为书籍增添
了新的价值。

● 设计师：Thijs Verbeek（蒂伊斯·韦贝克）　语言：英文　客户：Atelier Yuri Veerman（尤里·维曼工作室）

《焚书文集》（*Book Burnings: An Anthology*）

尺寸：　175 mm × 135 mm

纸材：　封面｜Cocoon Offset 250 gsm
　　　　内页｜Arcoprint 80 gsm

字体：　荷兰字体大师赫拉尔德·因赫尔（Gerard Unger）的代表作 "Swift"

页数：　404 页

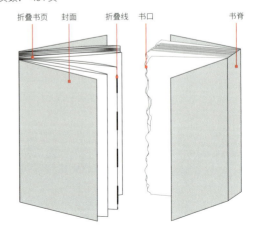

折叠书页　封面　　　折叠线　书口　　　　　　书脊

此项目包括一场表演和一本带传单的书。它探讨了所谓"危险文本"的概念，以及为什么不同的政权或人群认为这样的文本危险到必须将其禁止或焚毁的地步。《焚书文集》收集了被焚毁或被禁书籍的片段；表演则是围着篝火朗读这些片段。

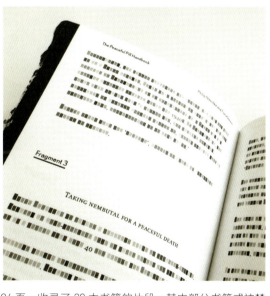

○ 该书采用黑白印刷，共 404 页，收录了 20 本书籍的片段，其中部分书籍或被禁止，或被焚毁。书页采用日式折叠：每个片段都以编码形式印在折页的外侧。为此，设计师创造了一种由方块组成的字体：从浅灰色的"A"开始，字母的颜色深度逐渐增加；最后是黑色的"Z"，形成 26 种深浅不一的颜色。撕开折页外的日式折叠，文字清晰可见。

● 设计师：尹琳琳　语言：中文　客户：上海文化出版社

《盲人与失聪者》

尺寸：　209.5 mm × 133.5 mm
纸材：　再生纸 79 gsm
印刷：　四色印刷
字体：　汉仪玄宋
装订：　无线胶装
页数：　432 页

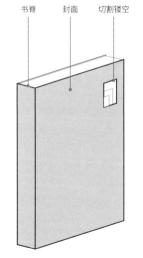

书脊　　封面　　切割镂空

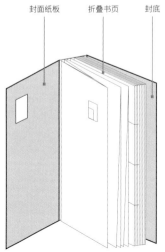

封面纸板　　折叠书页　　封底

这本《盲人与失聪者》记录了小提琴演奏家石阳 7 ～ 19 岁创作的诗歌、散文、童话及摄影作品。整体设计分为从外向内看和从内向外看两条线索。封面的层叠效果是一个通道，带我们从外部走入石阳的世界，也是一面镜子，代表着石阳在不断的审视中实现自我价值的定位。

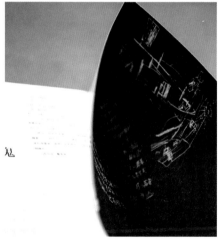
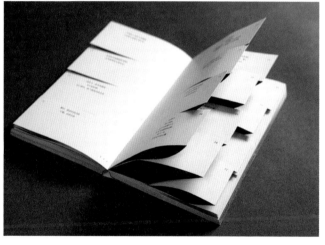

○ 内文选用遮蔽度很好的再生纸印刷，内外两层、两条线索，像两个平行时空，不相互交叉，就不会相互干扰，但的确是同时存在。失去一部分之后，另一部分的表达就会更纯粹、更充分。

○ 内页相邻两个页面的上切口不裁切开，形成内外两个空间。外面是白色，用于排印文字，文字一经读出，就成了流逝的时间艺术；内面的隐藏空间是黑色，用于排印图像，图像因为空间的变形而有了立体感和不同的视觉效果。用文字包裹住图像，平静后面是暗涌的情愫。短诗部分的书页做剪开处理，使原本固定在页面上的文字，摆脱了主页面对它的束缚，变得自由灵动。石阳的艺术成长过程在传统与现代之间挣扎，其中的矛盾与冲突，诗歌里的悲悯，通过书页的剪开，一点点得以释放。

● 设计师：黄羽楗　语言：英文、日文　客户：某位朋友

《“影境”》

利用现代的数码技术，设计师可以通过镜头的滤镜、软件的调色等功能，让照片拥有不同的氛围，所以设计师尝试让滤镜在纸质媒介中体现。设计师将一本书分为外本和内本，外本用来控制滤镜的切换，内本则是记录主要内容。

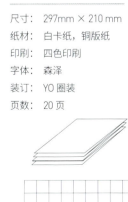

尺寸： 297 mm × 210 mm
纸材： 白卡纸，铜版纸
印刷： 四色印刷
字体： 森泽
装订： YO 圈装
页数： 20 页

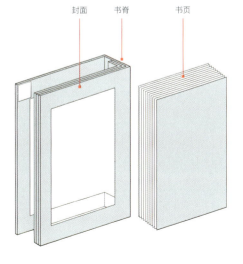

封面　　书脊　　　书页　　　　滤镜　　切割镂空

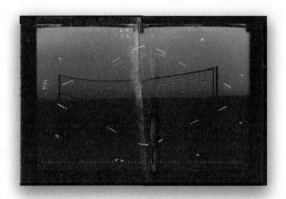

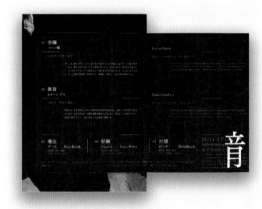

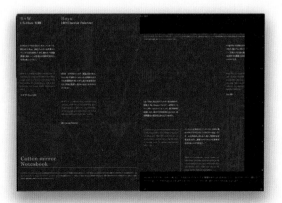

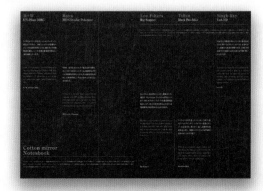

● 设计师：ACRE Design （一家来自新加坡的工作室）　语言：英文　客户：Park Hotel Group （百乐酒店集团）

《饮酒真艺二 · 鸡尾酒菜单》 （*The Real Art of Drinking Volume II*）

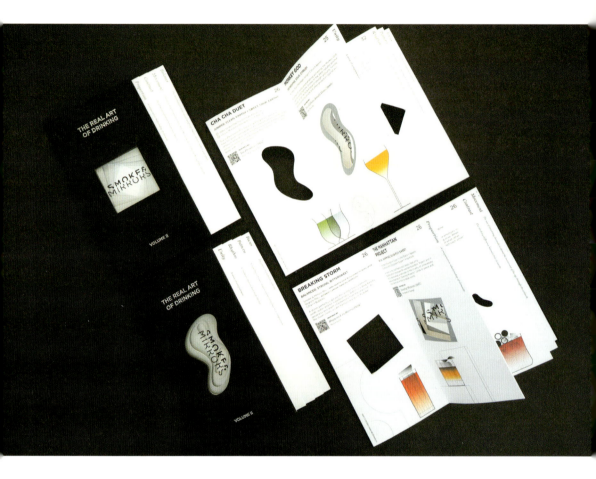

纸材：　硬纸板，卡纸

字体：　Gotham （几何风格的
　　　　无衬线体）

装订：　精装，风琴折装订

页数：　16 页

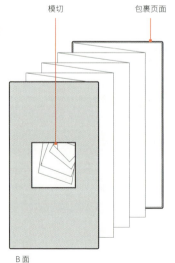

模切　　　　　包裹页面

B 面

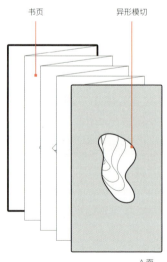

书页　　　　　异形模切

A 面

"Smoke & Mirrors" 是一家位于新加坡国家美术馆屋顶的酒吧，提供创意鸡尾酒。设计团队希望打造一份鸡尾酒菜单，鼓励人们通过简单的索引进行探索。鸡尾酒菜单分为八个类别，每个类别中都有一杯灵感来自艺术原理的鸡尾酒，通过鸡尾酒诠释艺术作品，向东南亚文化致敬。

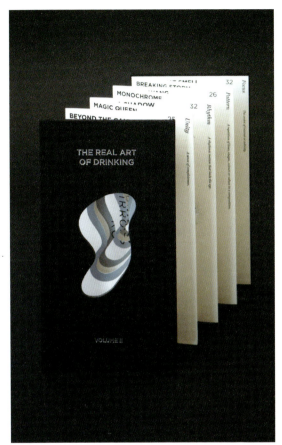

○ 该作品结构的主要特点是页面的剪裁，合上后可以看到一个视觉冲击力很强的分层艺术品。风琴折的装帧形式使顾客可以从菜单的两端浏览，也可以拉开菜单，轻松浏览所有饮品图例。交错排列的面板也便于查看各个类别。封面和封底由纸板制成，外层包裹着优质耐用的纺织物材料，触感极佳。

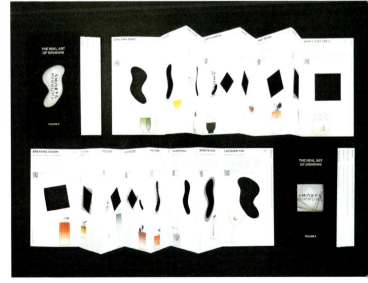

● 设计师：Toby Ng Design　语言：英文　客户：新世界发展有限公司

《匠人之屋》（*Artisan House*）

尺寸：　270 mm × 205 mm

纸材：　莫霍克 Coop Antique 牛皮纸，镜面纸

字体：　Aktiv Grotesk（端庄大气的无衬线体），
　　　　Post Grotesk（简洁现代的无衬线体）

页数：　85 页

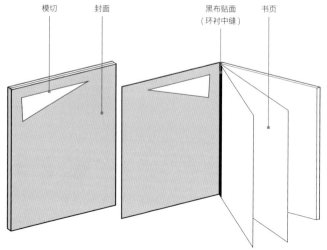

模切　　封面　　　　　　黑布贴面　　书页
　　　　　　　　　　　（环衬中缝）

"Artisan House" 位于人文气息浓厚的香港西环，是新世界发展有限公司推出的品牌个性 "The Artisanal Movement" （匠人运动）中的一个艺术住宅项目。建筑事务所对 "匠人之屋" 的设计理念源于 "反射的艺术性" 这一概念，在建筑外立面上通过三角形反射面的变化，将私人生活体验与公共活动叠加在一起。充满活力的街区产生的倒影变幻莫测，模糊了私人空间和公共空间之间的界线。

○ 工作室的任务是创作一本书，用来概括项目的愿景，反映项目的独特性。设计团队从建筑的镜面细节中汲取灵感，选择了模切反光封面作为书籍封面。深色的配色方案也来自建筑本身，与 "匠人之屋" 的氛围相呼应。简洁的版面设计体现了项目的简约风格，同时也为项目的展示提供了一块干净的画布。

《骨科小手术》

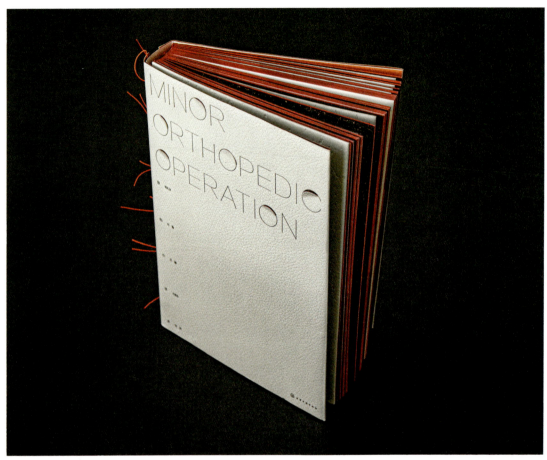

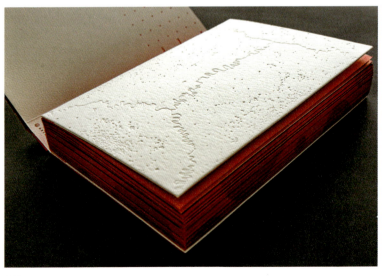

《骨科小手术》记录的是年轻骨科医生的日常工作。在装帧设计上，外封用具有皮肤肌理的白色细纹纸，包裹大红色触感纸，书脊处分层模切出流线型，用细线串连，寓意伤口切开又缝合的过程，缝切效果延伸至正文装订线处，内外贯通。

○ 在编辑设计上，设计师把 68 种小手术分为十大类，每一类都附有 X 光片和手术笔记，每一种手术按术前、术中、术后分别将页面主色设置为白色、红色、淡红色。术前部分配有相关骨骼经络图，方便医生准备手术。术中部分用红色中调模拟手术氛围，用反白线条图分步骤阐述手术过程，一目了然。术后部分通过字号变化，把很容易被忽视的术后恢复工作加以强调。本书选用小开本，手术全过程可视化，层次清晰，180 度平展翻阅，附有活页 X 光片和人体骨骼全图，尽可能方便医生在急诊手术前后阅读及查看。

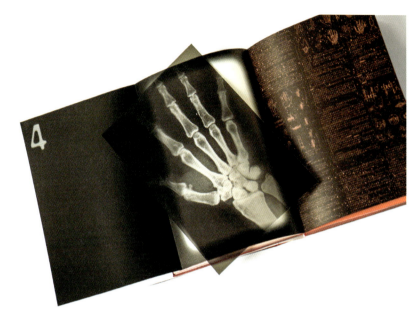

尺寸： 210 mm × 148 mm
纸材： 富士樱花 120 gsm
印刷： 四色印刷
字体： 方正兰亭刊宋
页数： 85 页

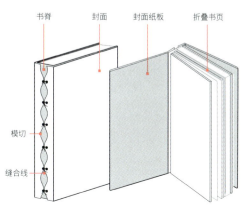

书脊　封面　封面纸板　折叠书页

模切

缝合线

● 设计师：Hybrid Design（混合型设计工作室）　语言：英文　客户：莫霍克纸业（Mohawk Paper）

《莫霍克纸业季刊第 15 期：材料》
（*Mohawk Maker Quarterly Issue #15: Materials*）

随着《莫霍克纸业季刊》（*The Mohawk Maker Quarterly*）的创刊，这本杂志作为对制造者、创造力和手工艺文化的赞美，已成为全球平面设计师不可或缺的灵感来源。每一期的《莫霍克纸业季刊》都力图通过富有洞察力的编辑特写、经过深思熟虑的设计以及在各种莫霍克纸张上采用不同的印刷技术来突破创意表达的界限。

纸材： 封面｜莫霍克 Keaykolour 牛皮纸，
印度黄 300 gsm
内文｜莫霍克顶级环保纸，蛋壳纹纸，
超白 118 gsm
印刷： 胶版印刷，专色印刷，模切
字体： Chalet（现代、简洁的无衬线体），
Sentinel（优雅、古典的衬线体）
装订： 容纳多个物体的套筒

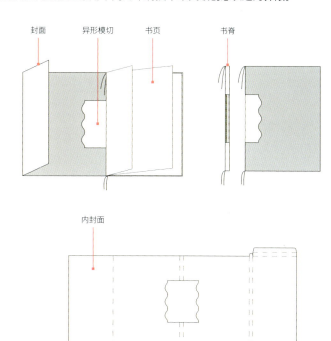

○ 材料是情感的过滤器，本书告诉设计师应该如何感受他们所接触和看到的东西，并需重点关注材料所带来的物体品质。每篇文章都由有助于传达其观点的材料和形式所制成的物品构成。总的来说，这期季刊讲述了物品品质在设计师工作中的重要性，以及将这些品质用作设计元素而不是装饰品的责任。

○ 这本书的结构设计旨在将多种材料融合在一份印刷品中。每种材料和工艺的选择都是为了更好地展现每件作品的内容，这表明材料和工艺都是值得仔细考虑的设计元素。例如，在关于布艺艺术家凯·关町（Kay Sekimachi）的文章中，设计师使用了单独缝制的装订方式，特意留长，以突出她作品中使用的线的元素，而纸张的选择则模拟了纤维和合成材料的触感，参考了她对非传统材料的使用。

● 设计师：Hybrid Design　语言：英文　客户：莫霍克纸业

《莫霍克纸业季刊第 16 期：社区》
(*Mohawk Maker Quarterly Issue #16: Community*)

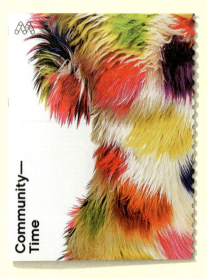

纸材：　封面（三本书）｜莫霍克 Carnival，牛皮纸，新黑
　　　　216 gsm，莫霍克顶级环保蛋壳纹纸白色 216 gsm，
　　　　莫霍克顶级环保蛋壳纹纸白色 216 gsm
　　　　内文（三本书）｜莫霍克精美蛋壳纹纸，柔软新白
　　　　104 gsm，莫霍克顶级环保蛋壳纹纸白色 118 gsm

印刷：　胶版印刷，专色印刷

字体：　Chalet（现代、简洁的无衬线体），Sentinel（优雅、
　　　　古典的衬线体）

装订：　三本书骑马订装订，装进一个函套内

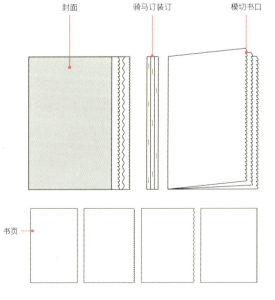

封面　　　　　骑马订装订　　　　模切书口

书页

每个社区就是一个故事，一个大家共同书写的故事。尽管每个人各不相同，但不同的声音具有引力，它们汇聚、改变、发展。在本期季刊中，设计团队通过三卷故事来探讨这些观点：地点、声音、时间。他们汇集了来自艺术、设计和建筑领域的各种声音，秉持着与周围社区建立联系的总体目标，而更深层次的目标则是创建每个人自己的社区。

○ 设计师团队将社区视为既独立又相互联系的故事集。通过三卷故事，他们探索了不同社区的观点，赋予了每个观点各自的边缘纹理，并以一种共同的形式将它们嵌套在一起。这种方法旨在既体现统一性，同时又不忽略每个个体的独特性。

● 设计师：Emilie Terashi Boyer（艾米莉·特拉希·博耶）　语言：英文、日文

《东京地下铁》（*Tokyo Underground*）

纸材：新闻纸，复写纸
印刷：Riso 印刷
装订：蜡线手工装订
页数：12 页

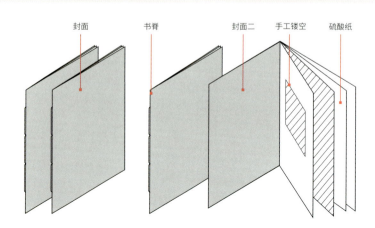

《东京地下铁》是一本插画杂志，讲述了在东京地铁的一段短途旅行，描绘了不同的车厢和每天的乘客。杂志采用新闻纸进行孔版印刷，并配有纯粹的描图纸插页和剪纸。这本杂志没有任何文字，每一页都通过熟悉的场景和人物来表达设计师的想法。

○ 本书灵感来自儿童故事书，它们经常使用有趣而独特的结构来让每一页都充满吸引力。剪纸是一种奇妙而简单的方式，可以在每次翻页时创造出动态的体验。设计师还受到儿童描图和填色书的启发，添加了描图纸插页——在这种情况下，描图纸为后页增添了微妙的扩散效果。

● 设计师: Jieun Hahm（咸智恩）　语言: 韩文　客户: The Open Books Co.（开卷图书有限公司）

《贝尔纳·韦尔贝 30 周年纪念版》
(Bernard Werber 30th Anniversary Special Edition)

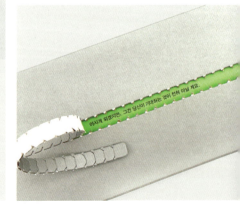

这是一套平装书，轻便小巧。封面采用了简洁的排版和大胆的图案，与作者以往的韩文版作品封面有所不同。现代的画面与 30 年前的未来派故事相结合，会立刻将读者带入故事的某个情节。喜欢贝尔纳·韦尔贝作品的读者也会乐于从《蚂蚁》（*Les Fourmis*）的倒三角金字塔或《神》（*Nous les Dieux*）的巨大眼睛中发现图形隐藏的含义。

尺寸： 书｜ 210 mm × 120 mm
　　　 书盒｜ 287 mm × 216 mm × 125 mm
纸材： Gentle Face 250 gsm（韩国特种纸）
印刷： 胶版印刷
字体： SM MyeongJo（韩文无衬线体），
　　　 Yoon Gothic（韩文无衬线体），
　　　 Times New Roman，
　　　 Helvetica（经典无衬线体）
装订： 平装
页数： 4664 页

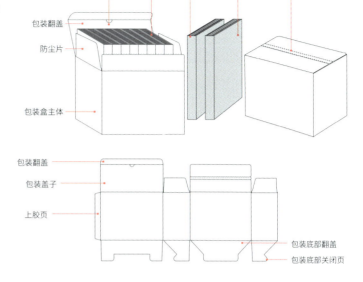

○ 包装增加了特殊的纸拉链条。撕开纸拉链条，首先映入眼帘的是作者写在第一部小说的第一句话，这也是贯穿于这套特别版的神秘信息："正如你所看到的，它和你想象的完全不同。"

○ 设计师希望设计出一本能被读者视为收藏品的书。她从家具等日常用品的材料和结构中获取灵感，将这本书的设计视为产品本身。她的目标是为读者提供一种超越普通图书的体验，让人联想到产品设计的价值。

● 设计师：Robbin Ami Silverberg　语言：英文

《掸子 2》（*Duster 2*）

纸材：　多宾纸（艺术家自制纸），棉布，
　　　　Abaca 麻纸
装订：　纸包木销

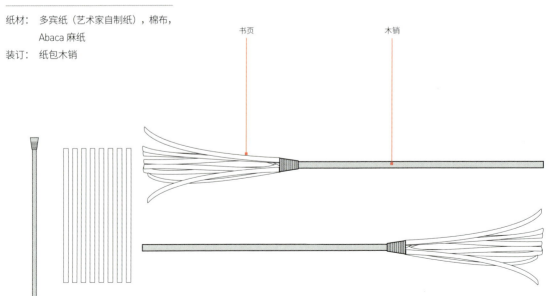

书页　　　　　　　　　木销

设计师在日本京都发现了一把掸子，它是用一本剪开的书的书页做成。为了回应这种几乎令人困惑的一次性材料的选择，设计师制作了《掸子2》。她在纸条上书写和印刷的文字反映了对书的创造性再利用，以及书和掸子可能引发的哲学问题。这是一种循环利用还是对书的一种破坏？这是审视还是解放？

○ 作品使用的材料是多宾磨坊的纸张、木销和上蜡的亚麻绳。设计师为了回应她发现的掸子，而不得不自己制作一个掸子。因此，作品采用了一种非常规的装订方式，纸被剪成条状并包裹在一条木销上。这本书在2001年出版，共47个版本。

● 设计师：Robbin Ami Silverberg　语言：英文

《最早学会的单词们》（*Spun into Gold: First 100+ Words*）

纸材：　艺术家自制纸

印刷：　档案喷墨打印

装订：　套装，将书页缝在书
　　　　布上，然后将书页粘
　　　　在书脊上

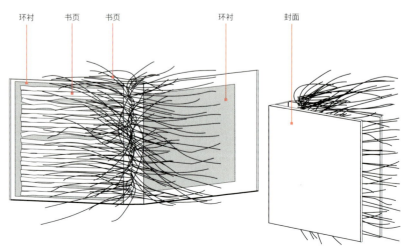

设计师使用日本传统的"和纸"技术，即制作和纸，然后将其纺成用于织布的线。设计师改编了一首自创的有声诗，这首诗由她女儿最早学会的 100 多个单词组成。她从花园里的楮树上采摘纤维，再用准备好的纤维造纸，将诗打印在纸上，将纸切成细条并纺纱，最后装订成册。

○ 这本书的最终呈现版本就像童话中的黄金盔甲。这本书不仅暗示了语言习得的转变过程，还为读者的阅读行为提供了新的可能性。设计师选择的装订方式是将书页缝在书布上，然后将书布粘在书脊上。

● 设计师：蔡伟群　语言：中文　客户：致敬编织文化

《咻——台湾原的编织术》

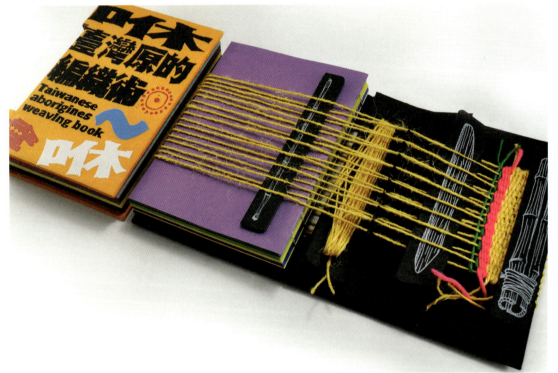

纸材：	合成彩纸，无涂布彩纸
印刷：	紫外线镭射
字体：	思源黑体
装订：	科普特装订
页数：	100 页

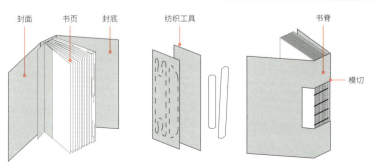

设计师将传统织布机简化缩小后放进书中，打造出织布书《咻——台湾原的编织术》。为了传承珍贵的织布文化，设计师进行了长达一年的研究，了解织布的原理与工艺，融会贯通后设计出了这本书。这本书不仅记载了织布文化、原住民图腾的意涵，读者也可以利用书中的特殊机关，自己动手体验织布，甚至编织图腾。

EXPERIENCE STEPS

Step.1

According to the steps on the book, carefully go along the dotted lines and gently take out the object (paper shuttle) on the paper.

Step.2

According to the signs on the book, open the book to the first page, wrap the thread onto the book.

Step.3

According to the signs on the book, use the thread and wrap it onto the paper shuttle.

Step.4

Please make sure that the distance between the thread and the thread is correct, and finally clamp the thread clamp up and down, and fix the thread, then we can start weaving.

Step.5

Use the paper shuttle to go through the spaces between the threads.

Step.6

Pull out the paper shuttle once it goes between all the threads.

Step.7

Last of all, use the paper shuttle to compress down the threads, and then, one piece of cloth is completed.

Step.8

Once the position of the threads change up and down by flipping pages, use the paper shuttle to go back through in the opposite direction, and continue this movement repeatedly.

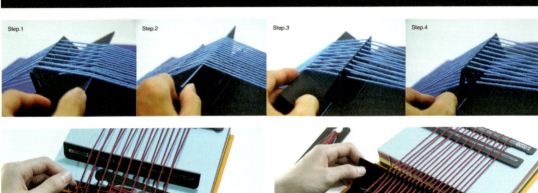

Step.1 | Step.2 | Step.3 | Step.4

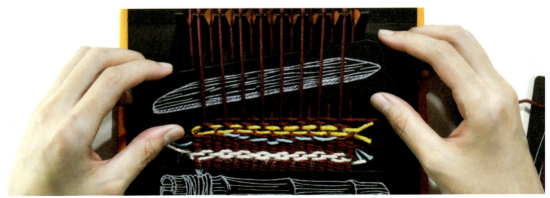

○ "咻"是织布时发出的声响，也是形容速度快的拟声词，设计师希望借由快速的体验及简洁的说明，让读者直接感受织布的乐趣。台湾拥有历史悠久的原住民织布文化，但可惜传统的编织工具十分珍贵，一般人难以获得，并且具有复杂的过程，通常难以自己体验。设计师希望通过一套人人都能轻松体验的编织过程，就像是把织布机直接搬到读者面前一样，让读者在亲身接触的过程中感受织布的乐趣，方能更进一步探讨编织文化的传承。

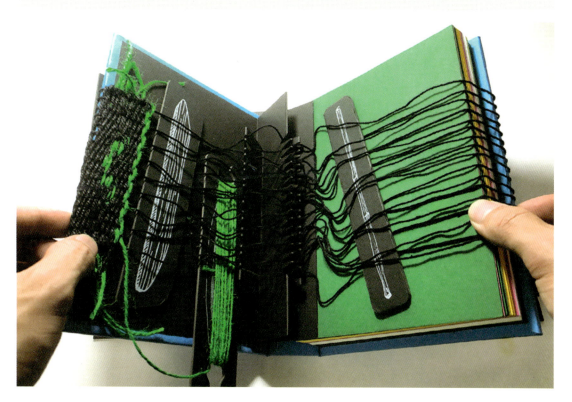

○ 读者可以利用纸张的结构设计，每次翻页时，毛线之间的高度都会发生变化。在这个结构间放入毛线，然后反复翻动书页，使毛线间相互交错，从而获得织造的体验。

● 设计师：尹琳琳　语言：中文　客户：化学工业出版社

《这个字，原来是这个意思》

尺寸：　297 mm × 178 mm
纸材：　生态纸 120 gsm，宣纸 80 gsm
印刷：　专色印刷，使用的颜色为专色黑、专色金
字体：　方正细金陵简体，方正兰亭刊宋，方正宋刻本秀楷，篆体
装订：　无线胶装
页数：　412 页

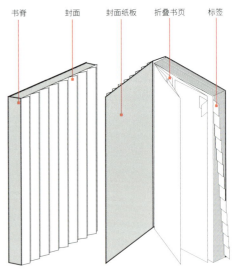

书脊　　封面　　封面纸板　折叠书页　标签

这是一本从汉字字形出发，研究其词义源流的书。"原来"是这个意思，相对应的词就是"后来"。如何在一个空间结构里表现时间的变化，是设计需要思考的问题。结构上，设计师确定用空间折叠表现时间流转。封面设计 8 组折叠页，分别排列 8 组汉字。"显露"和"隐藏"相对应，"显露"的空间上排列 100 个简体汉字。当读者翻开封面一道道隐藏的折页，100 个烫金篆体汉字就渐次展露出来，等到 8 组折页都翻开，100 个金色汉字就反转了时间。内文设计利用 100 张宣纸关门折叠，通过长短页翻动的顺序和节奏，对文本先后读取顺序和阅读动线的设计进行调整。

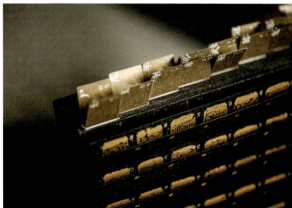

○ 设计师采用独特的书籍形态和翻阅方式，构成整体设计思路。封面采用简册变体形态，全书的尺寸、长宽比例，令人联想起中国书籍形制的起源。翻开纸质模拟签条，可看到隐藏在内的金色文字，具有仪式感。内页的叙事结构富有戏剧化，开启对折的书页，即呈现每一个字的字形、字体形成的过程，编排有趣且有序。每页折口有模切的标准字体字窗，可以开启互动，对应甲骨文、大篆、小篆、金文等字体的解读。并在书口上形成编序，便于检索。每页外侧黑底印金的文字，厚重内敛，与白底内侧页形成强烈的对比，使阅读充满了对话的神奇感。不涂饰正文用纸印黑色，显得沉稳古拙，体量感恰如其分。

相异

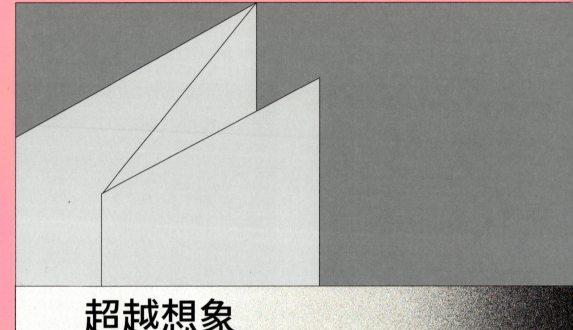

超越想象

打破常规，

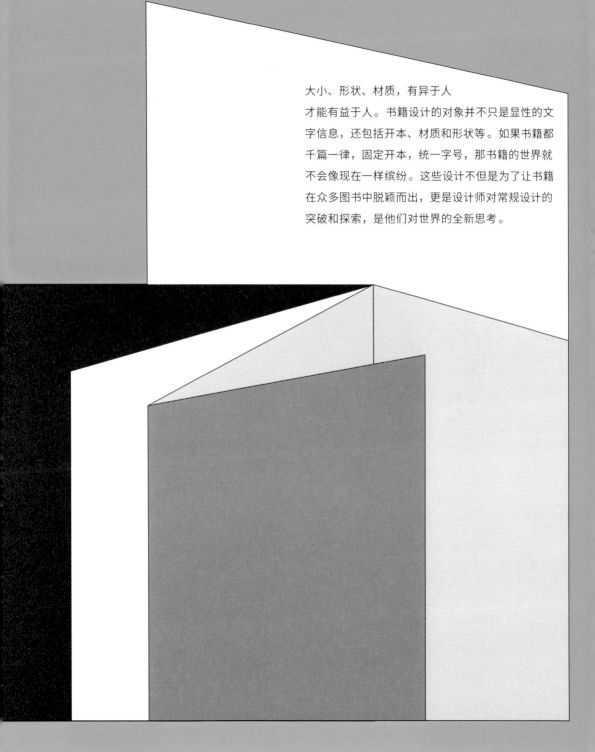

大小、形状、材质，有异于人
才能有益于人。书籍设计的对象并不只是显性的文
字信息，还包括开本、材质和形状等。如果书籍都
千篇一律，固定开本，统一字号，那书籍的世界就
不会像现在一样缤纷。这些设计不但是为了让书籍
在众多图书中脱颖而出，更是设计师对常规设计的
突破和探索，是他们对世界的全新思考。

《设计是什么》

   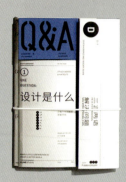

尺寸：　280 mm × 200 mm

纸材：　封面一｜蓝碧源非涂布纸 280 gsm（新染色仙蓝）
　　　　封面二｜瑞柏尔非涂布纸 180 gsm（平面金银亚银）
　　　　外封套｜蓝碧源非涂布纸 280 gsm（新染色样本灰）
　　　　内文｜晶品非涂布类纸 70 gsm（优质超滑奶白）

印刷：　单色黑印刷，模切，覆哑膜，UV，双色黑白印刷

字体：　中文｜思源黑体
　　　　英文｜Conduit ITC（无衬线体）

装订：　骑马订，穿绳

页数：　260 页

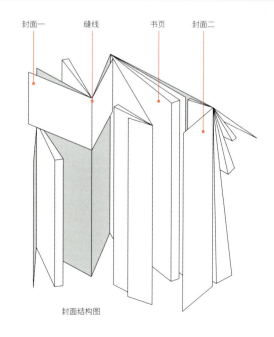

封面结构图

为纪念成立七周年，ALINE STUDIO（北京一线视觉文化传播有限公司）发起了一项深入的设计探索，由设计师爱卡执行。灵感来源于一个简单的问题"设计是什么"。设计师通过 777 份问卷，收集了各种背景人士的答案。这些答案被巧妙地划分为 7 个主章节和 24 个子章节，向读者展示了对设计的多维度解读。

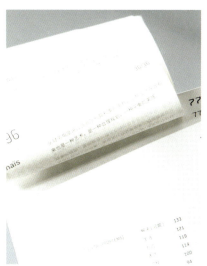
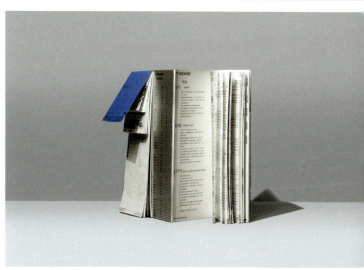

○ 该项目的创作要点在于如何将这些答案有机地整合并呈现。手册的核心设计概念围绕"公路"展开，寓意每个人探索"设计是什么"的答案和过程都是独一无二且复杂的。这一设计概念同时呈现在内容、外观、材质和结构中。设计师在内容上，为每一个答案进行编号；外观上，选取了道路上常见的蓝色与银色；材质上，选取了克重相对较高的拉丝银色卡纸；结构上，采用骑马订装帧，多角度组合形成，有多种开合方式的结构，以达到读者能随机开启阅读的效果。这些处理方式使得整本手册与设计概念相得益彰。

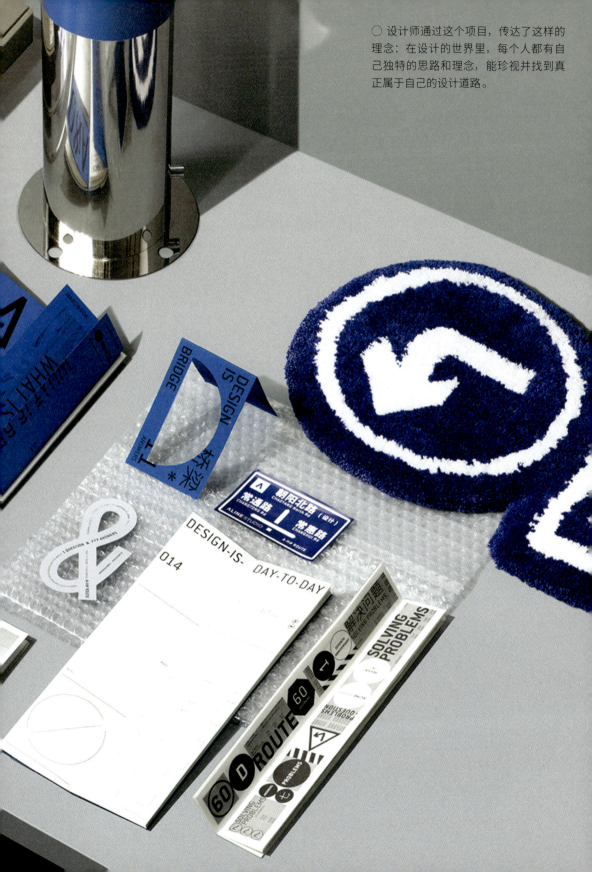

○ 设计师通过这个项目，传达了这样的理念：在设计的世界里，每个人都有自己独特的思路和理念，能珍视并找到真正属于自己的设计道路。

《记忆缺失》

"我在储备的记忆，像是一套一直在填补上架的盲盒，某个人经常从中抽取，不知道是快乐还是悲伤。他带着记忆离开，我再补上空缺，循环反复。"漫长的时间被压缩，仿佛只停留在一日之间，我们自身的记忆有了不确定性，逐渐地被模糊、遗忘。本项目基于"记忆缺失症"的主题，结合作者的相关生活记录，以泡沫为记忆的主要载体，探讨关于短暂性记忆缺失的议题。

○ 设计师试图采用问答形式来表现对记忆缺失的探讨，所以把作品的装订分为正反两面，以不同大小、不同打开方向来区分。内页有许多不同尺寸、不同纸张材质的部分，更能表现出"记忆"的各种变化，呈现断断续续、模糊不清的状态。

尺寸： 390 mm × 210 mm
纸材： 蚕丝纸，透明 PET，老虎纸，镜面银卡
字体： Adobe 楷体 Std
装订： 锁线订
页数： 36 页

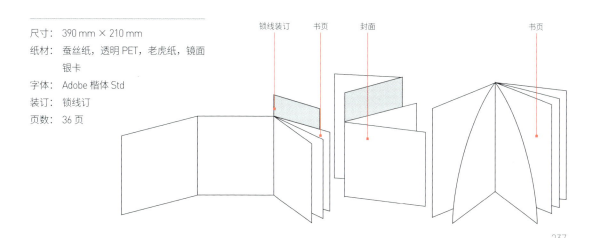

锁线装订　书页　　　封面　　　　　　　　书页

● 设计师：廖翊如　语言：中文　客户：雄基建设股份有限公司

《海街小册——听说》

尺寸：　封面｜ 200 mm × 125 mm
　　　　A 册｜ 160 mm × 135 mm
　　　　B 册｜ 210 mm × 135 mm
　　　　C 册｜ 220 mm × 145 mm
　　　　明信片｜ 140 mm × 90 mm
纸材：　封面｜沐光纸 200 gsm
　　　　内页｜天堂鸟 95 gsm
　　　　明信片｜环保纸 205 gsm
　　　　外包装｜单面铝箔夹链平口袋，模造贴纸
印刷：　四色印刷
字体：　源流明体
装订：　车线装，裱贴，装袋
页数：　56 页

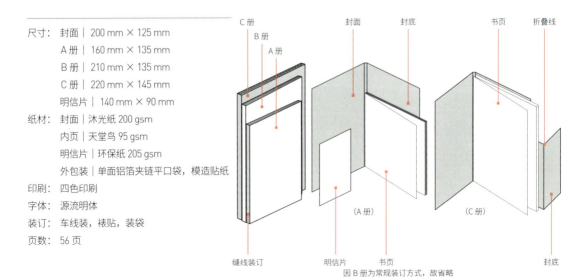

南寮的滨海生活温柔、悠慢而自适，在海街小册里，有街，有海，有家，有平淡，有温馨，有亲情，有成长。设计团队特别策划制作了以日记形式呈现的小册子，细写每日的小小故事，既回应案名，亦渲染南寮海滨生活的浪漫与惬意。

○ 3 辑、共 19 日的记录散文诗构成小册子，分别从风景、人文休闲、美食等角度阐述南寮生活圈的日常。除细腻抒情的文字之外，视觉风格亦别出心裁，以饱和的海蓝色作为主轴，以渐层的方式暗喻海水流动、叠加的美感，浅泥灰及透肤色则是陆地和沙岛的化身。细节则由手写字和插画地图装点，带出日记中的生活质感，与小册子中的文字与相片相呼应，交织成炎炎夏日里海风徐徐的慢生活情景。

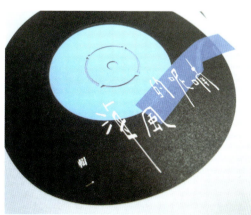

● 设计师：彭韵琪　语言：中文、英文

《赛博孤独》

尺寸：　210 mm × 297 mm

纸材：　老虎纸 80 gsm，新闻纸 80 gsm，
　　　　PET 菲林片 120 gsm

印刷：　数码印刷

字体：　Helvetica Neue（简洁现代的英文
　　　　无衬线体），Times New Roman，
　　　　思源宋体

页数：　93 页

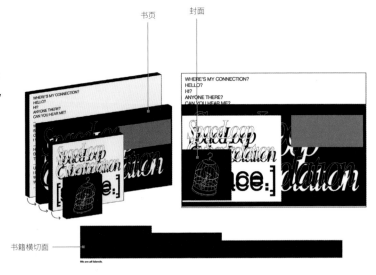

书页　　　封面

书籍横切面

这本实验性的作品，对一种存在于这个时代特殊的孤独感进行了视觉呈现与叙事研究。赛博孤独是虚拟空间特有的孤独。现实生活中有来有往的交谈被虚拟网络中"不知道被多少个路过的人忽视"的窘况取代，在对着屏幕等待网速与无数个空间相交造成的时间差时，这种微妙的感受时常会出现。而当一个特殊的时代悄无声息地降临在世界上并开始蔓延时，个人感受层层叠叠，最终成为集体记忆。

○ 作品由四个部分组成，用循环的活页装订，暗喻一种无限重叠且延绵不绝的状态。

○ 第一个部分：单面印刷在正方形的新闻纸上，抽象的线条插画就像从动画中抽取出的静态帧，描述了一个被囚禁的灯泡以为自己得到了自由但却被孤独淹没的故事，暗喻虚拟世界的双面属性。

○ 第二个部分：印刷在透明PET菲林片上的、有关"赛博孤独"的关键词，其透明的材质使得翻阅产生了更为丰富的叠影效果。无数个关键词指代的无数个故事所组成的一团黑影，让人无法分辨每一个个体的内容。

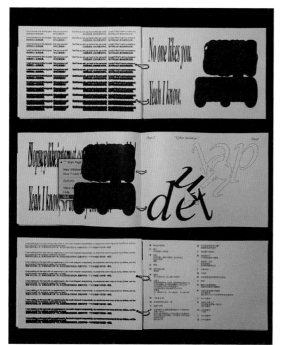

○ 第三个部分：印刷在难以撕毁的半透明老虎纸上，是对第二部分每一个关键词的视觉呈现，无数零碎的图片与文字框从纸面上跳出来，因其材质不同而互相交互与渗透。

○ 第四个部分：由以文本与以文本为基础的视觉性内容所组成，侧写或直述赛博世界的孤独感。相较于前三个部分的碎片结构，这个部分具有一定意义上连贯的叙事结构——即使叙事者依旧并不那么客观。

● 设计师：Camille Palandjian（卡米尔·帕兰德詹）　语言：法文

《旅行碎片》（*Fragments d'un Voyage*）

尺寸： 190 mm × 130 mm

纸材： Bengali Framboise,
Conqueror Contour,
Curious Translucents
Clear，Curious Matter
Andina Grey（均为外国
特种纸）

印刷： 喷墨打印

字体： Favart Gothic（无衬线体）

装订： 科普特装订

页数： 64 页

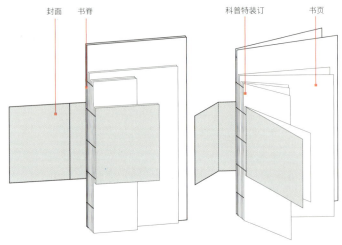

封面　书脊　　　　　　　　科普特装订　　　书页

这本书源于对现代人拍摄大量照片却几乎不看这一现象的反思。这些照片被锁在硬盘里，被淹没在成千上万张照片中。设计师将它们整理成更容易被看到的形式，通过将其设计成精美的实体印刷品，把这些照片带回现实世界。你只需要从书架上拿起这件作品，就能翻阅这些记忆。

○ 这个项目的主要想法是将设计师旅行期间拍摄的照片制作成书。一本书对应一个目的地。当设计师访问柏林时，她对这座城市有四大感受：历史的重要性、空间的大小、透明度（一切都是玻璃做的）以及无处不在的建筑工程。对她来说，将全书分为四个部分是展现这些不同特点的最佳方式。签名相互补充，拼凑成完整的文字，使画面具有阅读感。为了表明这四个主题是这座城市的组成部分，只有当四个签名重新组合在一起时，读者才能读出柏林的名字。

《传话游戏》（*Telephone Game*）

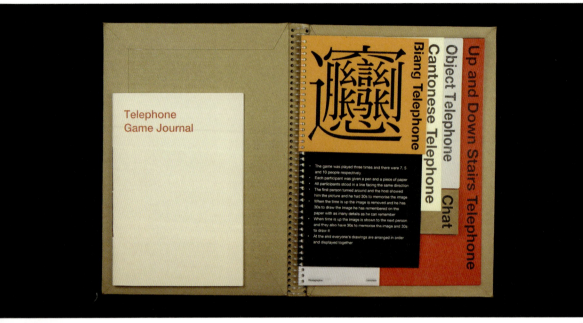

纸材：　牛皮纸，卡纸，画图纸，
　　　　硫酸纸

印刷：　数码印刷

字体：　Helvetica Neue

装订：　线圈装

页数：　31 页

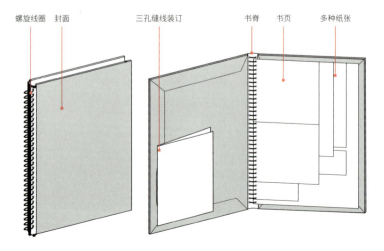

螺旋线圈　　封面　　　　三孔缝线装订　　　　书脊　书页　　多种纸张

本项目基于香农与韦弗于 1949 年提出的传播模式。信息在传播过程中是如何变化的？它是否会影响沟通的效果？创作者设计了一系列传话游戏，并邀请她的同学们参与，由此将传播过程可视化。通过整理收集到的数据，她将游戏过程记录成册。

○ 作者是参考了 *Conditional Design Workbook* 书中名为 "The process is the project"（过程即项目）的理念后举办的传话游戏，传话游戏即书的内容。在设计上，设计师的目的就是如何有趣地向观众呈现这些游戏的结果。那么如何用不同的材质和装订方法去表现不同的说话内容，并将它们组合在一本书里呢？于是她选择了灵活的线圈本装订。而线圈电话本的形式又和书名《传话游戏》形成双关，从而产生一个小小的文字游戏。

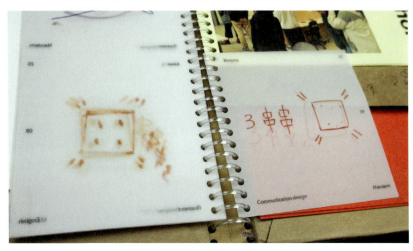

《迷失》（*Now Lost*）

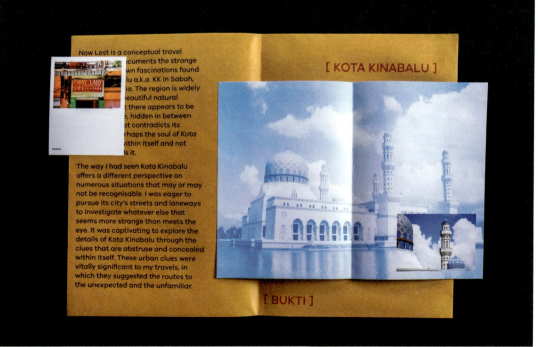

《迷失》是一本概念旅行日志，记录了马来西亚东部沙巴州的亚庇（Kota Kinabalu）鲜为人知的奇特魅力。该地区因其美丽的自然景观而广为人知，但似乎还有一些东西隐藏在街道之间。也许亚庇的灵魂在于它自身，而不是它周围的一切。

尺寸： 297 mm × 210 mm

纸材： 胶版纸 100 gsm，环保纸 80 gsm，白卡纸 120 gsm

印刷： 数码印刷

装订： 文件夹组装格式，剪切

页数： 260 页

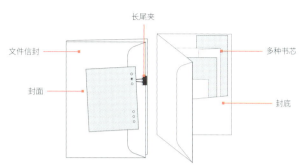

○ 本项目以摄影的方式进行了城市调查，从中捕捉到了亚庇的迷人细节，其内在宝藏正等待着我们去发掘。设计师眼中的亚庇为我们提供了一个不同的视角，让我们看到许多可能认识到也可能认识不到的情况。他急切地探寻这座城市的大街小巷，去探究那些看似奇特的事物。通过隐藏在亚庇内部的神秘线索来探索这座城市，是一件令人着迷的事。这些城市线索对他的旅行意义重大，为他指明了新奇的路线，令他探寻到意料之外的新鲜事物。

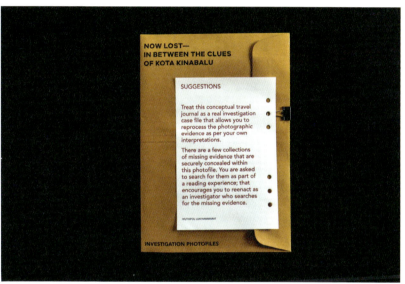

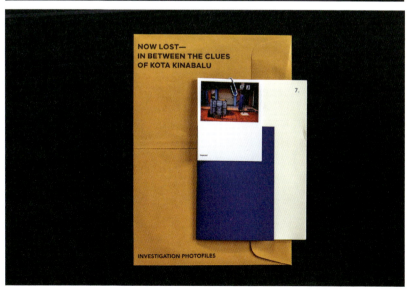

● 设计师：I Like Birds Studio（悦鸟工作室）　语言：德文　客户：BB Schöenfelderhof（一家位于德国的社区精神病诊所）

《爱你，就像爱苹果酱一样》
(ICH LIEBE DICH WIE APFELMUSS 2013)

尺寸： 245 mm × 175 mm

纸材： 铜版纸，胶版纸

字体： Beardshop SuperSlim (定
制字体)，Courier New (等
宽的衬线体)

装订： 裸脊锁线

页数： 148 页

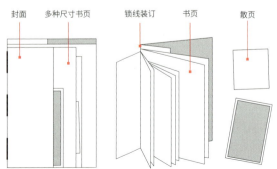

封面　　多种尺寸书页　　锁线装订　　书页　　散页

"爱你，就像爱苹果酱一样"（"Ich liebe dich wie Apfelmuss"）是一场关于诗歌和插图的外部艺术展的名称。其中展示的作品均来自不同精神病院的艺术家所作。

○ 设计工作室为这次展览设计了各种物料，如邀请卡、海报和随附的艺术家画册。画册因其不同寻常的概念而引人注目：一方面，作品的格式和用纸各不相同；另一方面，它们没有被装订成册，而是部分松散地、近乎混乱地粘贴在一起，更让人联想到作品集而非画册。

《MMWW 视觉手册》（*MMWW VI MANUAL*）

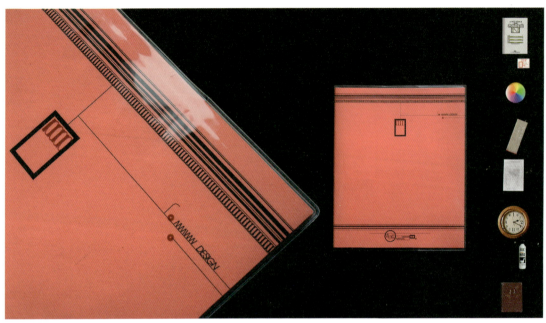

尺寸：　270 mm × 255 mm
纸材：　彩纸，亮纸（火箭红，星尘白）
印刷：　胶版印刷，丝网印刷
装订：　锁线，PVC 书套
页数：　136 页

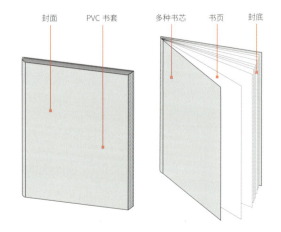

封面　　PVC 书套　　多种书芯　书页　封底

创作团队使用"MMWW Design"的 VI（视觉识别）形式为载体制作了一本使用手册。手册以镜像和对称的 MMWW 字母为觉，以中文为表达意思，以英文字母为缩写，引申出从分类"身体"（方法）到"地球"（社会），再到"无限至近"（内部精神）等词语，然后重新赋予内容和形式，构成了千变万化的风景。它既是一个系统，也是一个游戏。

○ 一本书的结构是为其内容服务的。创作团队以手册为载体，以 VI 的形式表现内容，封面使用了 PVC 材质的书套和丝网印刷技术，呈现出"手册"的感觉。另外，图书结构的最大亮点是使用了四种颜色的纸张，以对应内容的分类。最后，一款名为"星尘白"的亮纸上布满了彩色的碎屑，表现了"噪音"和"灰尘"在设计中的重要性。

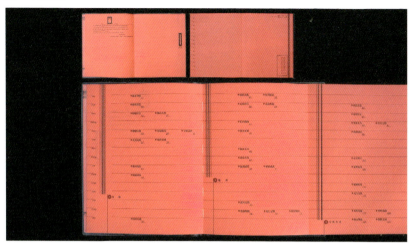

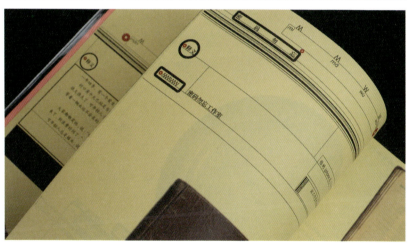

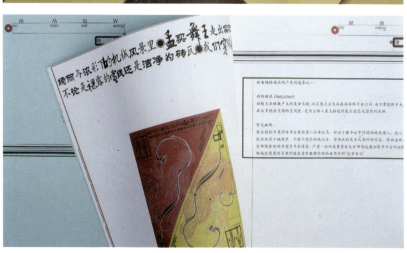

● 设计师：郭星　语言：英文

《留守儿童》

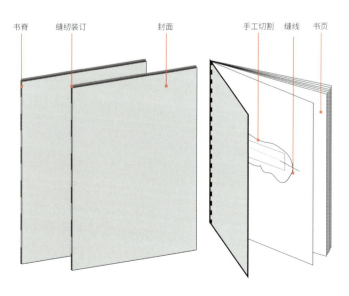

尺寸：　297 mm × 210 mm

纸材：　半透明纸，特种纸

印刷：　复印，激光打印

字体：　Avenir（无衬线体，受法语名为
　　　　"未来"的字体启发）

装订：　手工缝纫

页数：　60 页

书脊　　缝纫装订　　　　　封面　　　　手工切割　缝线　书页

该作品以书籍的形式探讨了"留守儿童"这一现象。作品将各个儿童的故事记录为简短的文本片段，目的是让读者参与并在其中找到共鸣。在制作过程中，设计师通过剪切、扫描和缝制等方式，以文本为材料进行了不同的实验。设计师根据文本的内容配以不同的设计手法，让这本书的故事感染力更强，引发读者共鸣。

○ 通过这个项目，设计师想呼吁人们更多地关注"留守儿童"，了解他们的现状，让留守儿童的家长认识到对孩子需要的是他们的陪伴，而不仅仅是物质需求的满足。

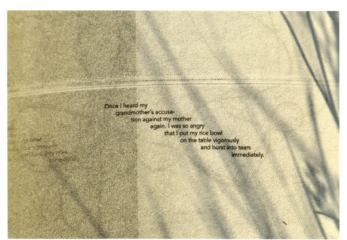

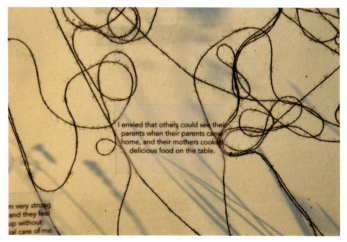

● 设计师：汪子帆　语言：中文、英文

《饮食男女》

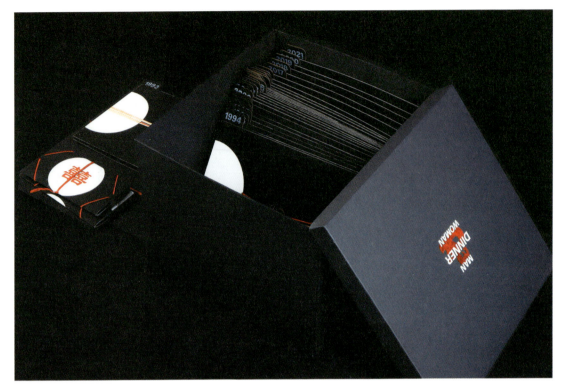

尺寸：　书｜297 mm × 210 mm

　　　　盒子｜340 mm × 310 mm × 240 mm

纸材：　黑卡纸

印刷：　激光切割，活字印刷，热转印，蜡液，线

字体：　宋体

装订：　单页盒装

页数：　31 页

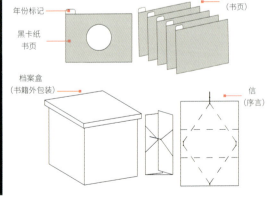

30 年的婚姻是漫长的，而每一年的体验与细微的变化也值得被重视、被放大、被关注。《饮食男女》集合了中国传统婚姻的象征符号 "红线、红烛、碗筷"，将设计师认为的 "中国婚姻当中缺失爱情" 这一矛盾集中于 "吃饭" 这一场景上。

○ 一张 "请柬" 作为前言，30 张黑色索引内页装于 "婚姻档案盒" 中。作品将一段 30 年的婚姻以档案的形式呈现，表达夫妻二人心中逐渐疏远与停滞堆积的情感状态。两端的碗筷逐渐远离，中心的空洞逐渐扩大；红线于其间延伸，并逐渐递增至 30 根，象征着二人不断增加的矛盾；红色蜡液凝固于丝线之间，代表了婚姻这一容器中不再流动的情感。

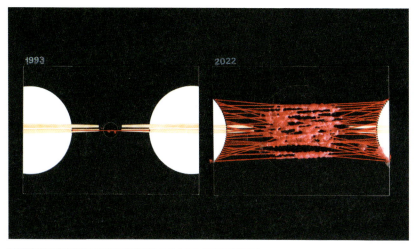

○ 书籍结构与故事理念的相辅相成是本书创作的核心理念之一。档案盒所具有的时间与空间属性为作品带来了 "体量感与重量感"。区别于传统翻页阅读的形式，独立页面的呈现不仅考虑到蜡液这一媒介的体积感，也赋予了读者从宏观的 "30 年婚姻" 中将独立故事抽离出来品读与端详的权利。

● 设计师：曹妲　语言：中文、英文、日文

《东京TDC1991——2023 获奖书籍设计展》

尺寸：　260 mm × 520 mm × 15 mm
纸材：　新闻纸
印刷：　四色印刷
字体：　原创字体，黑体
装订：　手工锁线装
页数：　52 页

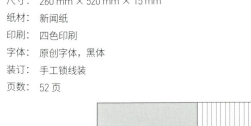

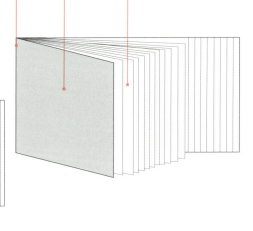

索引

书脊　　封面　　书页

延续东京 TDC（字体指导俱乐部）对字体设计的关注，设计师设计了 26 个英文字母，制作了 26 个阅读视频，在 26 个阶梯上举办书展。对东京 TDC 获奖书籍的研究过程是呈阶梯式且可持续发展的，设计师将阶梯与循环的概念融合在展览与展册的设计中。

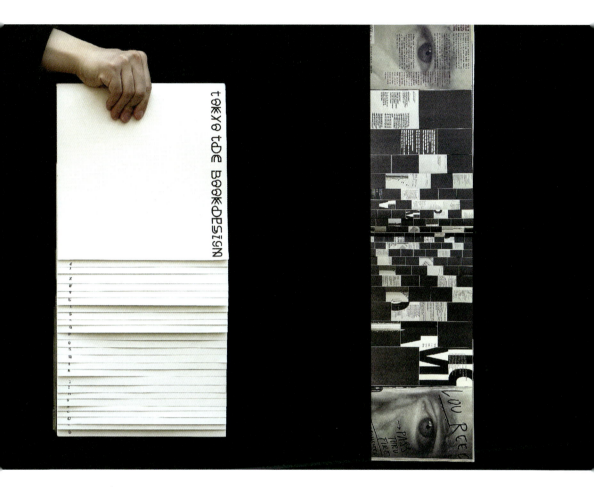

○ 展册的编辑设计分为两个单元，分别是获奖书籍的信息单元以及获奖书籍的封面和内页单元。展册的文本延续东京 TDC 的国际性特点。设计师进行了多语种的图文编排，以阶梯式的文本框展示获奖者信息与获奖者对作品的介绍；以固定的文本组合展示作品信息及研究者对获奖书籍的一句话理解；以屏幕阅读的习惯设计出相对应的书籍封面版式。内页单元以书籍实际尺寸的比例填充整个版面，以感性的节奏展现书籍的部分内页，并通过碎片化形式向读者传达每本书的视觉语言。设计师还模仿了当下大众的碎片化阅读习惯，并将这样的阅读习惯在书籍版式上进行实验。

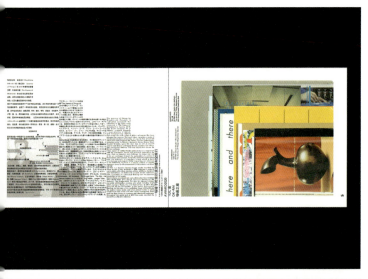

○ 本书结构的概念来自展览空间中的阶梯，页面逐渐放长一厘米，形成书本的主要结构，内容版式也以阶梯形式的文本框呈现，含图片在内的五种内容形式分别是中文、英文、日文、图片和说明文。设计师进行多内容排版在不同尺寸中的实验。第二种版式以所收录书籍的尺寸比例填充版面，形成不同的图形语言，对应展品，填充书籍内页。以上两种版式的运用中，第一种基于比例及尺寸的逻辑，相对理性；第二种基于对书本的瞬间截取，相对感性。设计师努力突破语言的障碍，尝试让所有国家的人都可以阅读同一本书。

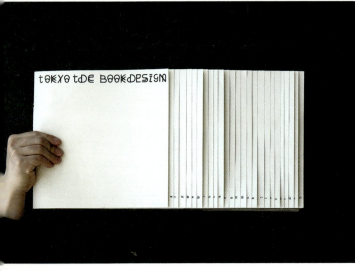

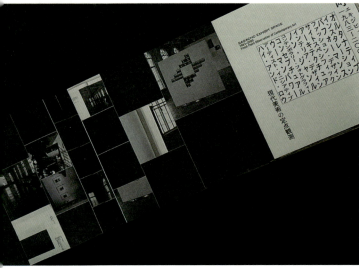

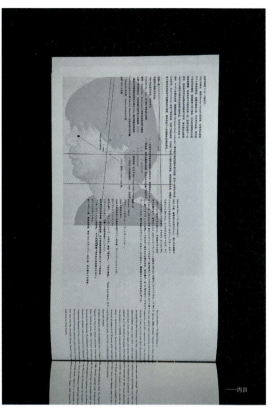

——内页

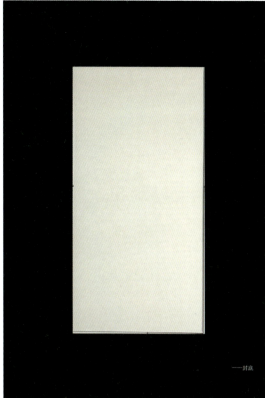

——封底

——内页

——内页

《24 小时》 （24 Stunden）

尺寸： 37 mm × 52 mm

纸材： 蒙肯印花奶油纸 300 gsm

字体： SangBleu Kingdom Light，SangBleu Sunrise Regular，
Suisse Int' l Regular （均为 Swiss Typefaces 字体设计公
司设计的字体）

装订： 胶装

页数： 86400 页

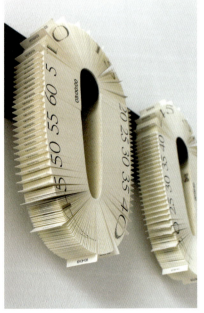

书脊　　　书页

《24 小时》是一个图书项目，它既能使时间视觉化，又能被读者实际用于计时。这本书的结构遵循了将时间视觉化的最初想法，让时钟指针的嘀嗒声等同于翻阅书页的声音。

○ 设计师的灵感来源于时钟，她想设计一套外观和功能都像时钟的书。这套书一共有 24 册，每一册都形象地展示了一天中的一个小时，每一页都代表了一天中的一秒。将书本的封面和封底弯曲成一个相连接的圆，这册书就变成了一个"圆形时钟"。这套书既可以用作日历，记录与特定时间相关的经历；也可以用作秒表或计时器，因为翻页所需的时间与书页上显示的时间相等。印有刻度尺的书脊可用来测量物体的长度。此外，这些书还可以用来打发时间，因为它们妙趣横生。

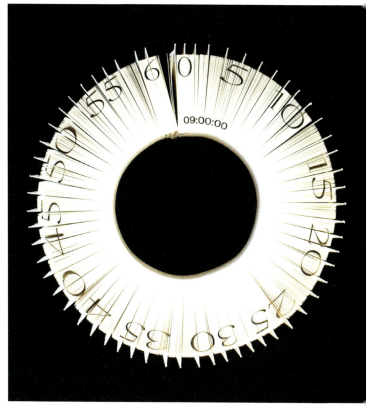

《用脚步丈量街道》（*Sepasang Kaki Lima*）

纸材：　莫霍克顶级环保纸
印刷：　激光打印
字体：　Big Noodle Titling
　　　　（无衬线体）
装订：　骑马订
页数：　56 页

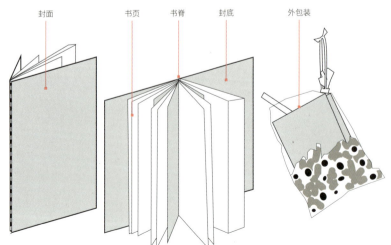

封面　　书页　书脊　　封底　　　外包装

《用脚步丈量街道》是一本以生活在该地区的流浪猫为第一视角展示故事和日记的杂志。它的名字是 "Sepasang Kaki di Kaki Lima" 的缩写，意为 "一双探索五英尺道路的脚"。这本杂志围绕八打灵街（Petaling Street）这个特定地点展开，同时通过模仿饮料外卖的独特包装向马来文化致敬。这本杂志从八打灵街的真实地点和事件中汲取灵感，将八打灵街记录了下来。

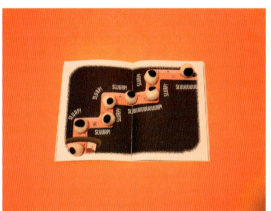

○ 杂志结构简单，采用骑马订装订，与视觉冲击力极强的故事情节相得益彰。每个故事之间的分隔线为其视觉对应物提供了背景，其中日志条目基于八打灵街的真实地点而作。杂志还包括这些地点的实物宝丽来照片，一面是彩色的，另一面是黑白的，分别代表了作者的灵感和流浪猫的视角。

《山寨玩具 vol.2——山寨时轴》

尺寸：　厚度 95 mm

纸材：　Eco-Stone 490 gsm（环保
　　　　纸张），Woodpulp Board
　　　　645 gsm（木浆纸板）

印刷：　Riso 印刷，激光印刷

字体：　书名｜设计师自创字体
　　　　内文｜Noto Sans CJK TC

页数：　196 页

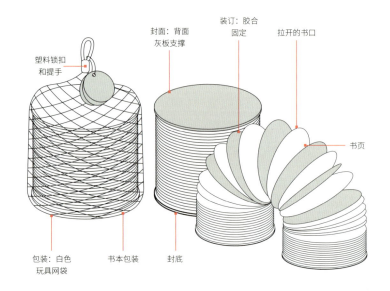

塑料锁扣
和提手

封面：背面
灰板支撑

装订：胶合
固定

拉开的书口

书页

包装：白色
玩具网袋

书本包装

封底

螺旋弹簧玩具是 20 世纪 70 年代一种非常独特的山寨玩具，它的形态简单，但能配以多种玩法，让玩家自由选择。整个系列的书籍结构理念都是围绕着旧时代香港制造的塑料山寨玩具，既可以引起集体回忆亦可提升读者的兴趣，从而了解香港山寨玩具的历史。

○ 用纸亦考虑到书籍的损耗问题，所以选用了不易撕破的胶质纸张。该系列采用孔版印刷方法，强烈的颜色对比呼应着塑料山寨玩具的配色。不得不提的是，一般人视孔版印刷的脱色和对位问题为它的劣势，但设计师却在其作品中巧妙地利用了该印刷工艺的特征，翻阅时的脱色意味着山寨玩具的消失，对位不够准确衬托出山寨玩具的粗糙感。

《木屋周日》（WOODHOUSE SUNDAY）

尺寸：　展开｜275 mm × 380 mm

　　　　合上｜275 mm × 190 mm

纸材：　Takeo Fine Paper 130 gsm，Acroprint

　　　　（外国特种纸）

印刷：　数码全彩印刷

字体：　封面｜Custom Type（定制字体）

　　　　正文｜Brevier（紧凑的无衬线体）

页数：　32 页

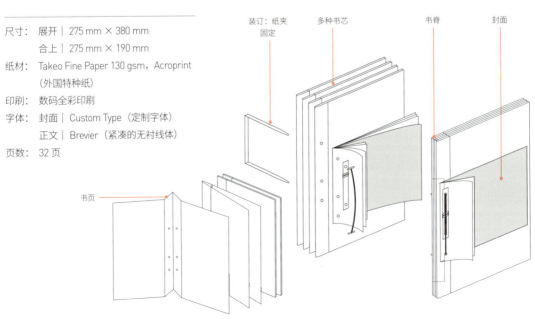

这是一本分享家庭、木工和细木工以及木工房里发生的看似微不足道的事情的小志，其形式借鉴了老式办公文件。它也是木屋被拆除后留下的最后一件物品，以此来表达设计师对木屋无法言喻的爱意。

○ 结构的灵感来自手写发票和仍经常使用的老式办公文件。这让读者有机会通过独特的图像再次体验被遗弃的手工制作，就像年轻人在废弃纸张或旧发票上写生一样。

《Pon 公司的发展》 （*Opon Up*）

尺寸： 215 mm × 160 mm
　　　（内页纸张大小不同）
字体： 多种
装订： 骑马订
页数： 24 页

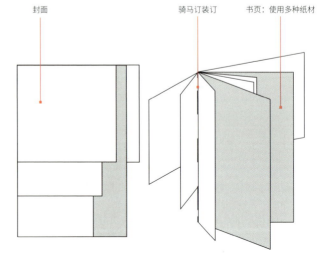

封面　　　　　骑马订装订　　　书页：使用多种纸材

Mijndert Pon（迈恩德特·庞）在 19 世纪末创办了自己的公司 PON。近 125 年后的今天，这家公司已成为荷兰的大型公司之一。这本小册子既面向 *Opon Up* 的新老读者，也面向 PON 公司的部分员工。小册子旨在激发人们的灵感，并在 PON 内部进一步开展有关多元化的对话。

○ 这本小册子展示了 PON 公司发起的多元化项目所取得的初步成果。这些内容以简短的员工访谈形式呈现，并辅以插图。小册子的结构具有引导性，全书采用 7 种潘通色印刷，3 种纸张，6 种不同尺寸，5 种不同字体，不同的纸张规格创造出一个丰富多彩的系列。

《家庭杂志第七期：血肉之躯》
（Rubbish Famzine Issue7: Flash and Blood）

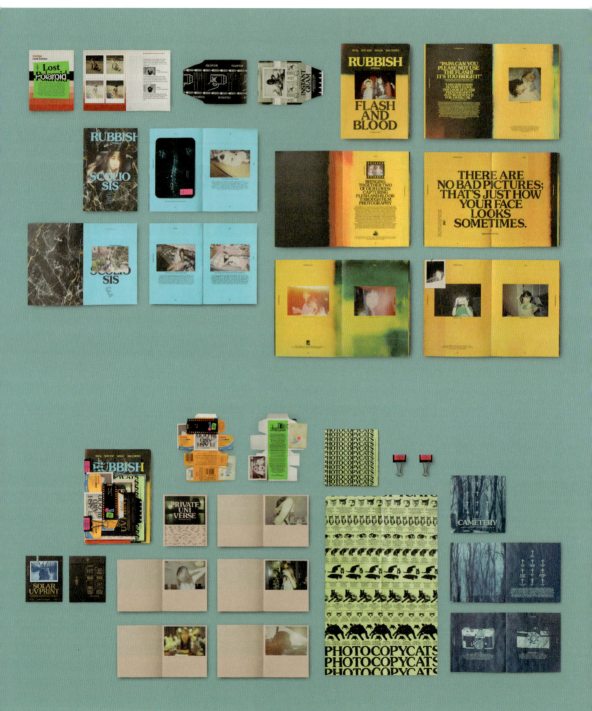

这本书是设计团队对"血肉之躯"这一常见短语的深情演绎。这是设计团队对所深爱的两样东西的一种非常私人化的诠释——他们对儿女的爱,以及对摄影的热爱。事实上,在过去 10 年中,设计团队的所有杂志都使用胶片相机来讲述自己的故事,用摄影定格他们的孩子、他们的家庭生活,将他们的爱永恒保存下来。对他们来说,没有什么比照片和印刷品更能保存珍贵的时刻和记忆。

尺寸: 多种格式

纸材: 多种纸张

字体: ITC Souvenir, Courier

装订: 多种装订方式结合,包括线装、骑马订

页数: 232 页

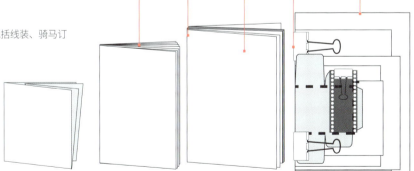

○ 本期杂志更进一步聚焦于设计团队对摄影以及与之相关的一切事物的热爱。他们着重介绍了相机的历史和起源,以及摄影是如何诞生的,同时还通过孩子们拍摄的照片,讲述了他们的个人轶事。他们认为采用多格式、多层次的结构可以进一步增强读者的阅读体验。例如,将不同尺寸的照片放入不同的小册子中。此外,他们还加入了各种质感的设计元素,例如附带一个真正的柯达胶卷盒、一卷真正的底片和一张用档案纸打印的微缩照片。

《粤语长报》

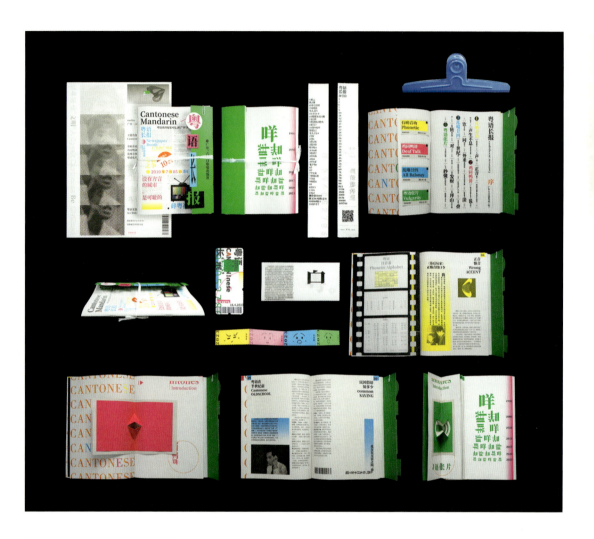

尺寸：　225 mm × 297 mm
纸材：　蒙肯纸，蛋壳纹纸，硫酸纸
印刷：　激光彩印
字体：　思源宋体
装订：　骑马订，背对背式装订
页数：　34 页

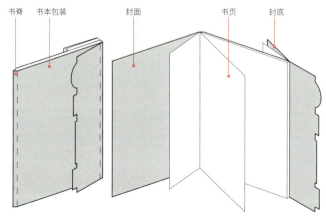

书脊　书本包装　　　封面　　　　书页　　　封底

语言是人类进行交流沟通的重要媒介，它塑造并传播着我们的思想，同时也是社会文化与历史的投影。但随着时代的发展，各种方言文化与普通话之间的交流和融合成为一种不可避免的趋势，作为地域文化代表的方言也因此逐渐遭到侵入甚至同化。

○ 本作品为语言同化背景下的粤语科普书籍设计，从普通话和粤语之间的渗透与差异的角度出发，利用报纸与街头报刊亭的风格元素，在传统的粤语文化中加入书面化表达的概念。本作品借助书籍设计这一载体，展现出传统粤语的文化魅力和历史底蕴，呼吁人们关注和保护正在逐渐流失的粤语方言文化。

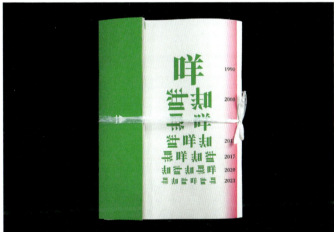

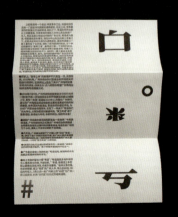

书籍结构图
索引

包合

从内到外，以奇思编织书页

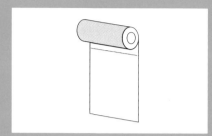

P70~P71

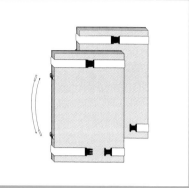

P78~P79

P72~P73

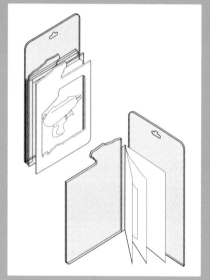

P80~P81

P74~P75

P76~P77

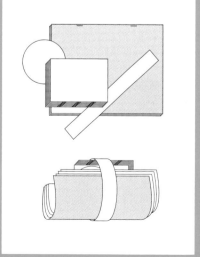

P82~P85

P86~P89

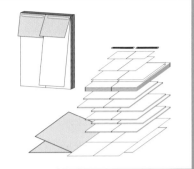

P96~P97

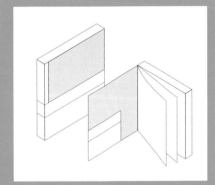

P90~P91

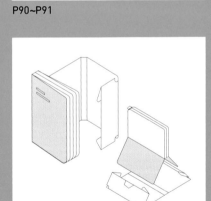

P92~P93

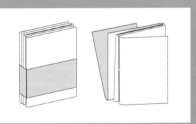

P98~P99

P100~P101

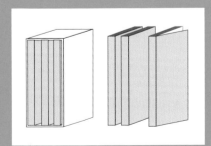

P94~P95

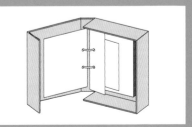

P102~P103

P104~P105

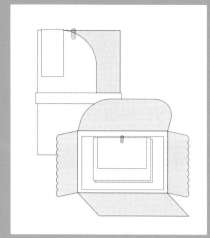

P106~P109

P116~P119

穿藏

寻觅页面之间隐匿的心思

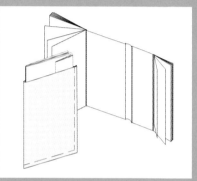

P120~P123

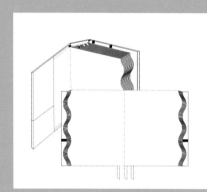

P112~P113

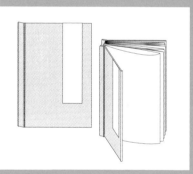

P124~P125

P114~P115

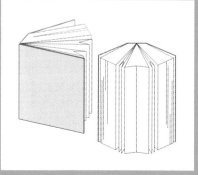

P126~P129

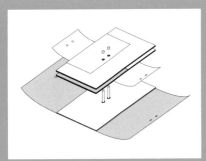

P130~P131

P140~P141

P132~P133

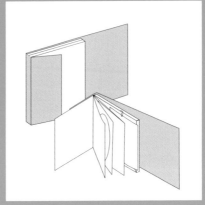

P142~P143

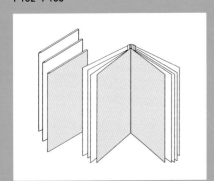

P134~P137

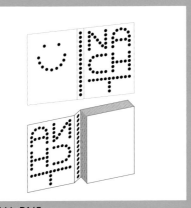

P144~P145

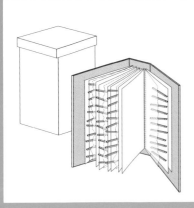

P138~P139

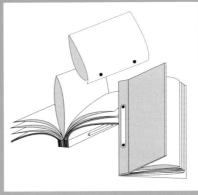

P146~P147

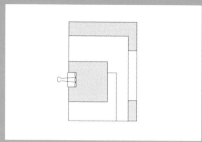

P148~P149

折叠
如何呈现别出心裁的纸上褶皱

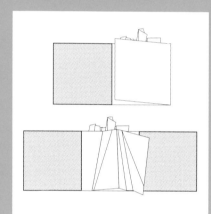

P152~P153

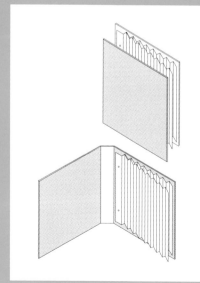

P154~P155

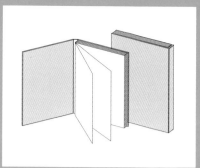

P156~P157

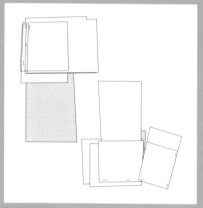

P158~P159

P160~P163

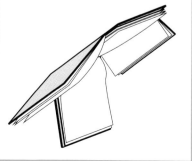

P164~P165

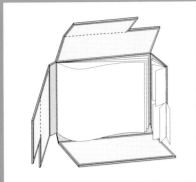

P166~P167

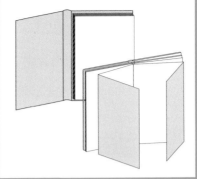

P174~P175

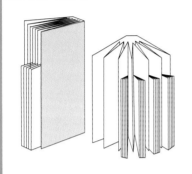

P168~P169

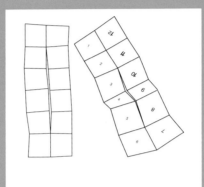

P176~P177

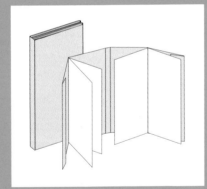

P170~P171

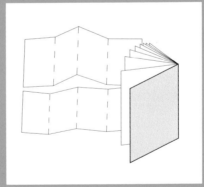

P178~P179

P172~P173

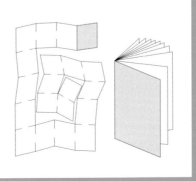

P180~P181

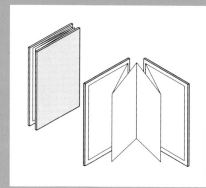

P182~P183

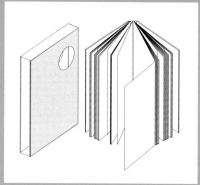

P192~P193

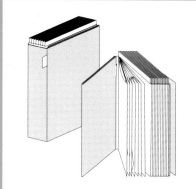

P184~P185

撕切

破坏排列和解构书页的秘密

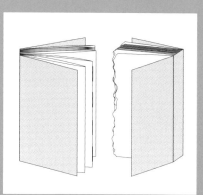

P196~P197

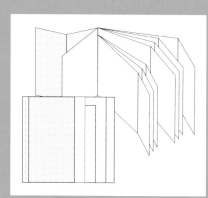

P186~P187

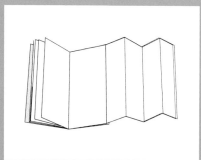

P188~P191

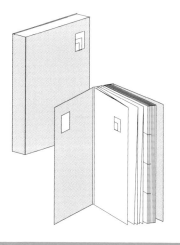

P198~P199

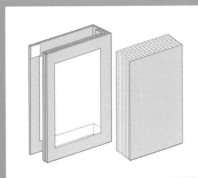

P200~P203

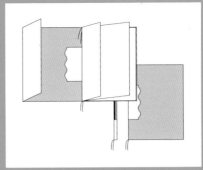

P210~P213

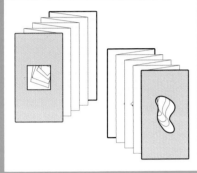

P204~P205

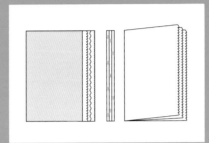

P214~P215

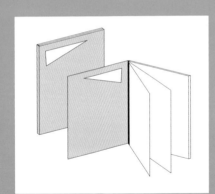

P206~P207

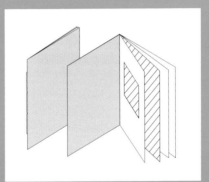

P216~P217

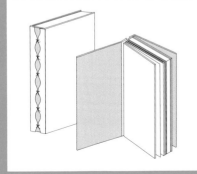

P208~P209

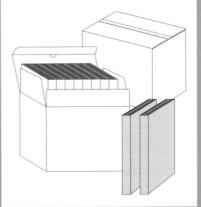

P218~P219

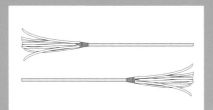

相异

打破常规，超越想象

P220~P221

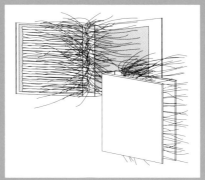

P222~P223

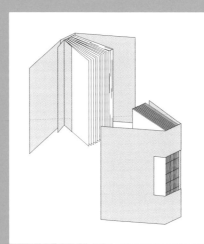

P224~P227

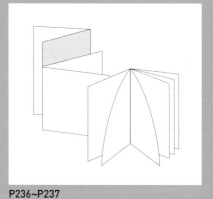

P232~P235

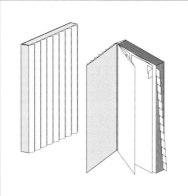

P228~P229

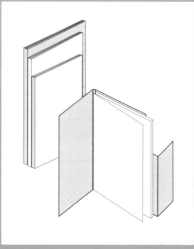

P236~P237

P238~P239

P240~P243

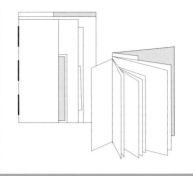

P250~P251

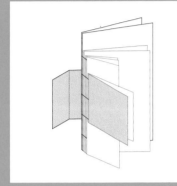

P244~P245

P252~P253

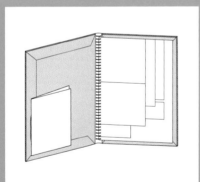

P246~P247

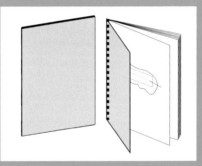

P254~P255

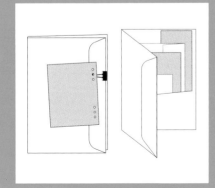

P248~P249

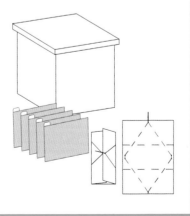

P256~P257

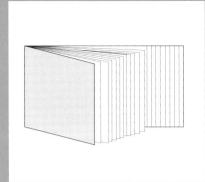

P258~P261

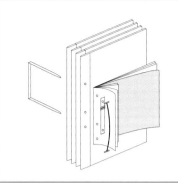

P268~P269

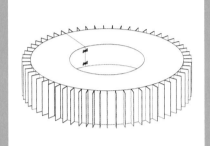

P262~P263

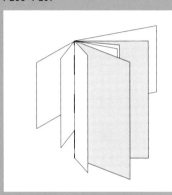

P270~P271

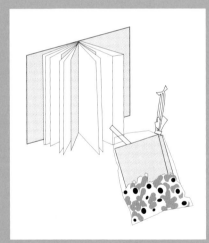

P264~P265

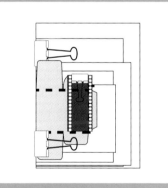

P272~P273

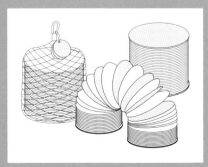

P266~P267

P274~P277

作者索引